DEUTSCHE AKADEMIE DER WISSENSCHAFTEN ZU BERLIN

Veröffentlichungen des Geodätischen Instituts in Potsdam

Nr. 16

Numerische Beispiele zur strengen Theorie der Figur der Erde

Von

KURT ARNOLD

Mit 13 Abbildungen und 9 Tabellen

AKADEMIE-VERLAG · BERLIN

1960

Erschienen im Akademie-Verlag GmbH, Berlin W 1, Leipziger Straße 3—4

Lizenz-Nr. 202 · 100/760/60
Kartengenehmigung: MDI der DDR Nr. 5424
Gesamtherstellung: VEB Druckerei „Thomas Müntzer“ Bad Langensalza
Bestellnummer: 2016/16
Preis: DM 18,—
Printed in Germany
ES 19 C

Inhaltsverzeichnis

Lotabweichungen an einem Geländemodell

A

Die Richtigkeit der in [1] angegebenen Formeln für die absoluten Lotabweichungen wollen wir jetzt an einem Geländemodell bestätigen.

Ein Geländemodell besteht nämlich aus einer gegebenen Konfiguration gegebener Massen. Aus diesen auf das Geländemodell bezüglichen bekannten Daten läßt sich in jedem Oberflächenpunkt die Richtung der Lotlinie bestimmen. Andererseits ist es möglich, in jedem Oberflächenpunkt die Schwere zu errechnen. Folglich können wir mit den in [1] angegegebenen Formeln die Lotabweichungen in jedem Oberflächenpunkt des Geländemodells ermitteln. Die nach den beiden verschiedenartigen Methoden erhaltenen Werte der Lotabweichungen müssen identisch sein.

Zur Bearbeitung des genannten Problems wählen wir das in Bild 1 dargestellte Geländemodell.

Die Lotabweichung sei für den Punkt P_2 zu bestimmen.

Das Geländemodell besteht also aus einer wohlbestimmten Konfiguration von drei Kugeln K_1, K_2, K_3 mit den Radien R_1, R_2, R_3, die alle die Dichte $\varrho = 3\ \text{gcm}^{-3}$ haben. In solchen Punkten, die zwei Kugeln angehören, beträgt die Dichte $\varrho = 6\ \text{gcm}^{-3}$. Bild 1 stellt einen Querschnitt durch die Meridianebene des Punktes P_2 dar. Nur die Punkte $P_{1.2}$ und $P_{1.1}$ liegen nicht in dieser Meridianebene. Die Richtung von links nach rechts in Bild 1 sei die von Süd nach Nord. Der Punkt $P_{1.2}$ liegt auf der Oberfläche der Kugel K_2, der Punkt $P_{1.1}$ auf der Oberfläche von K_1.

Zusammenstellung der Konstanten

$R_1 = 6370$ km

$\varrho_1 = 3\ \text{gcm}^{-3}$

$R_2 = 7$ km

$\varrho_2 = 3\ \text{gcm}^{-3}$

$R_3 = 10$ km

$\varrho_3 = 3\ \text{gcm}^{-3}$

$f = 668{,}5 \cdot 10^{-10}\ \text{cm}^3\ \text{g}^{-1}\ \text{sec}^{-2}$ (Gravitationskonstante)

$f\,M_3 = 8{,}4006 \cdot 10^{-4}\ \text{km}^3\ \text{sec}^{-2}$

$\vartheta_{2.0} = 73°\ 25'\ 48''$

$\vartheta_l = 112°\ 32'\ 20''$

$l^2 = 468{,}89\ \text{km}^2$

$\vartheta_{1.3} = 0{,}^\circ 1802$

$R_{1.3} = 6359{,}7314$ km

$G = 535\,119$ mgal. (Mittelwert für die Schwere).

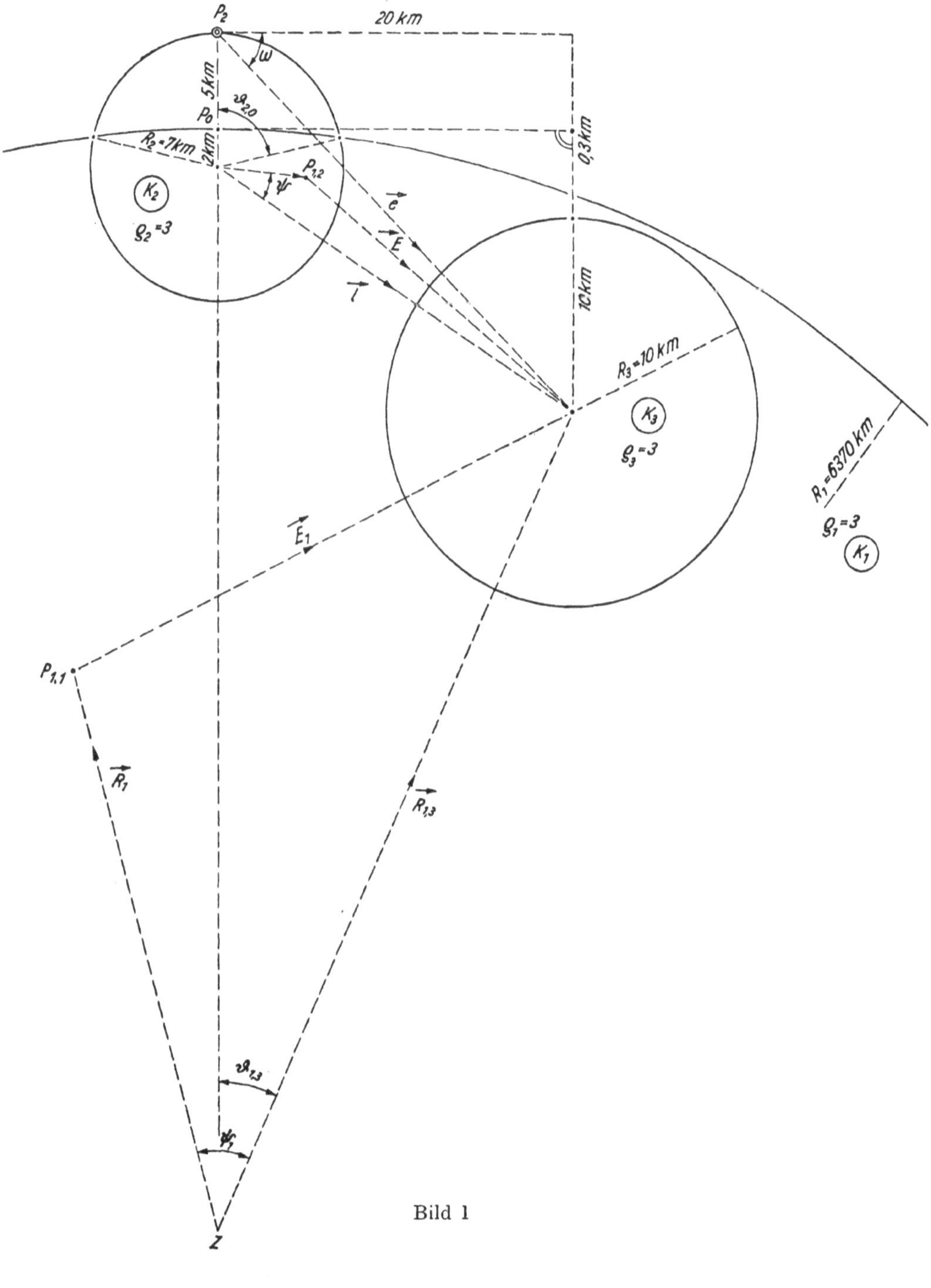

P2
20 km
ω
5 km
P0
ϑ2,0
0,3 km
R2 = 7 km
2 km
P1,2
ψ
K2
ϱ2 = 3
e
E
l
10 km
R3 = 10 km
K3
ϱ3 = 3
R1 = 6370 km
ϱ1 = 3
K1
E1
P1,1
R1
R1,3
ϑ1,3
ψ1
Z

Bild 1

B

Berechnung der Lotabweichung ξ_σ aus der Massenverteilung am Geländemodell

Ist $g_{\text{hor.}}$ die horizontale (senkrecht zu $P_2 Z$) und $g_{\text{vert.}}$ die vertikale (in Richtung von P_2 nach Z) Komponente der Schwereintensität im Punkte P_2, so gilt für die im Meridian gelegene Komponente der Lotabweichung im Punkte P_2

$$\operatorname{tg} \xi_\sigma = -\frac{g_{\text{hor.}}}{g_{\text{vert.}}}.$$

Ist M_3 bzw. M_2 bzw. M_1 die Masse der Kugel K_3 bzw. K_2 bzw. K_1, so folgt

$$g_{\text{hor.}} = f \frac{M_3}{e^2} \cos \omega$$

$$g_{\text{vert.}} = f \frac{M_1}{r_1^2} + f \frac{M_2}{r_2^2}$$

$$e^2 = 20^2 + 15{,}3^2$$

$$e = 25{,}1813$$

$$\cos \omega = \frac{20}{e}$$

$$r_1 = R_1 + 5 = 6375$$

$$r_2 = 7\,.$$

Es ergibt sich

$$\xi_\sigma = -40'',57.$$

Die Bezugsfläche für die Lotabweichung im Punkte P_2 ist dabei in Strenge die durch den Schwerpunkt der drei sphärischen Massen gehende Kugel, die den Punkt P_2 enthält. Man überzeugt sich leicht davon, daß diese Kugel in genügender Annäherung durch jene ersetzt werden kann, die konzentrisch zu K_1 ist und durch den Punkt P_2 geht.

C

Berechnung der Lotabweichung ξ_σ als Funktion der Freiluftanomalien

Die strenge Theorie liefert, [1] Gl. 147, wenn wir als Integrationsvariable Polarkoordinaten einführen

$$\begin{aligned}\xi_\sigma = &-\frac{1}{2\pi\varrho''}\int\limits_{\alpha=0}^{2\pi}\int\limits_{\vartheta=0}^{\pi} \Delta g_F\, V_M(\vartheta)\cos\alpha\, d\vartheta\, d\alpha\,- \\ &-\frac{1}{2\pi}\iint\left(\frac{\partial}{\partial r}\Theta_{\sigma\cdot r*} + \frac{1}{r}\frac{\partial}{\partial\alpha}\Theta_{\sigma\cdot\alpha*} + \frac{1}{r}\Theta_{\sigma\cdot r*}\right)\cos\alpha\,\zeta\,(1+\zeta^2)^{-\frac{1}{2}}\,dr\,d\alpha\,+ \\ &+\frac{1}{2\pi G}\iint\frac{\partial\Delta g_F}{\partial r}\cos\alpha\,\zeta^2\,(1+\zeta^2)^{-\frac{1}{2}}\,dr\,d\alpha\,+ \\ &+\frac{1}{2\pi G}\iint\frac{1}{r}\frac{\partial\Delta g_F}{\partial\alpha}\sin\alpha\left[(1+\zeta^2)^{\frac{1}{2}}-1\right]dr\,d\alpha\,.\end{aligned}$$

Dabei konnten wir das Integral mit $\check{N}_\sigma$ im Integranden vernachlässigen, weil es kleiner als 0,″1 bleiben wird.

Wir nehmen in der Gleichung für ξ_σ noch einige nur für unser Modell und in bezug auf den Punkt P_2 als Aufpunkt gültige Umformungen vor. ζ ist nämlich gleich

$$\zeta = \frac{(h)_{P_1} - (h)_{P_2}}{r} = \zeta(r)\,.$$

ζ ist folglich nur eine Funktion von r, nicht aber von α. Wir erhalten

$$\begin{aligned}
\xi_\sigma &= -\frac{1}{2\pi\varrho''}\int\limits_{\alpha=0}^{2\pi}\int\limits_{\vartheta_1=0}^{\pi} \Delta g_F\, V_M(\vartheta_1)\cos\alpha\, d\vartheta_1\, d\alpha + \sum_{i=1}^{4} Q_i\,,\\
Q_1 &= \frac{1}{2\pi}\iint \cos\alpha\,\Theta_{\sigma\cdot r*}\,\frac{\partial}{\partial r}\left\{\frac{\zeta}{\sqrt{1+\zeta^2}}\right\} dr\, d\alpha\,,\\
Q_2 &= -\frac{1}{2\pi}\iint \cos\alpha\, N_\sigma\,\frac{1}{r^2}\,\zeta\,(1+\zeta^2)^{-\frac{1}{2}}\, dr\, d\alpha\,, \qquad (1)\\
Q_3 &= -\frac{1}{2\pi G}\iint \cos\alpha\,\Delta g_F\left[d\left\{\zeta^2\,(1+\zeta^2)^{-\frac{1}{2}}\right\} + \frac{1}{r}\left\{(1+\zeta^2)^{\frac{1}{2}}-1\right\} dr\right] d\alpha\,,\\
Q_4 &= -\frac{1}{2\pi}\iint \cos\alpha\,\Theta_{\sigma\cdot r*}\,\frac{1}{r}\,\zeta\,(1+\zeta^2)^{-\frac{1}{2}}\, dr\, d\alpha\,.
\end{aligned}$$

Wenden wir uns der Bestimmung der einzelnen Glieder der Gleichung (1) zu.

Betrachten wir zunächst das Integral von VENING-MEINESZ: Es gilt, weil das Geländemodell nicht rotiert ($\omega = 0$):

$$\Delta g_F = g_\sigma + 2\,c\,\overline{H}_\gamma - \gamma_{\varepsilon_0}\,.$$

g_σ: Schwere an der Erdoberfläche

c: Geopotentielle Kote

$\overline{H}_\gamma$: Entlang der Lotlinie zwischen dem Geoid und der Erdoberfläche genommener Mittelwert der Mittleren Krümmung der „normalen" Niveauflächen.

$\gamma_{\varepsilon_0} = \text{const}$: „Normale" Schwere an der Bezugskugel.

Für Δg_F machen wir bei konstantem ϑ_1 ideell eine FOURIER-Reihenentwicklung mit α als Variable. Von dieser Reihenentwicklung ist im Integral von VENING-MEINESZ nur der Koeffizient von $\cos\alpha$ zu berücksichtigen. In Δg_F können wir daher solche Glieder, die nicht von α abhängig sind, vernachlässigen. g_σ setzt sich aus den durch die Gravitationswirkung der 3 Kugeln K_1, K_2, K_3 entstehenden 3 Komponenten zusammen.

$$g_\sigma = (g_{R_1})_\sigma + (g_{R_2})_\sigma + (g_{R_3})_\sigma\,.$$

Für unsere Zwecke also

$$g_\sigma \to [g_{R_3}]_\sigma\,.$$

In dem zweiten Glied

$$2\,c\,\overline{H}_\gamma$$

ist $\overline{H}_\gamma$ in genügender Annäherung nicht von α abhängig.

c ist als geopotentielle Kote die Differenz zwischen dem Potential am Geoid W_g und dem an der Erdoberfläche W_σ.

$$c = W_g - W_\sigma\,.$$

Also

$$2\,c\,\overline{H}_\gamma = 2\,(W_g - W_\sigma)\,\overline{H}_\gamma$$

und weil

$$W_g = \text{const}$$

können wir für unsere Zwecke in genügender Annäherung setzen

$$2\,c\,\overline{H}_\gamma \to -2\,W_\sigma\,\overline{H}_\gamma\,.$$

Nun ist

$$W_\sigma = (W_{R_1})_\sigma + (W_{R_2})_\sigma + (W_{R_3})_\sigma\,.$$

Also

$$2\,c\,\overline{H}_\gamma \to -2\,(W_{R_3})_\sigma\,\overline{H}_\gamma\,,$$

$$2\,c\,\overline{H}_\gamma \to -\frac{2}{R_1}\,(W_{R_3})_\sigma\left(1-\frac{h_n}{2\,R_1}\right).$$

h_n ist die orthometrische Höhe.

Weil γ_{ε_0} eine Konstante ist, können wir diesen Ausdruck fortlassen.

Es folgt

$$\Delta g_F \to [g_{R_3}]_\sigma - \frac{2}{R_1}\cdot[W_{R_3}]_\sigma\cdot\left(1-\frac{h_n}{2\,R_1}\right). \tag{2}$$

Die Größen $[g_{R_3}]_\sigma$ und $[W_{R_3}]_\sigma$ errechnen wir nach verschiedenen Formeln, je nachdem ob der variable Punkt P_1 auf der Kugel K_2 (Punkt $P_{1.2}$) oder auf der Kugel K_1 (Punkt $P_{1.1}$) liegt.

Wenden wir uns zunächst den Punkten auf der Kugel K_2 zu.

K_2

Die Lage der Punkte $P_{1.2}$ bestimmen wir durch sphärische Polarkoordinaten auf der Kugel K_2. Der Punkt P_2 ist der Pol dieses Systems. ϑ_2 die „Poldistanz", α das vom Meridian rechtsläufig berechnete Azimut des Punktes $P_{1.2}$.

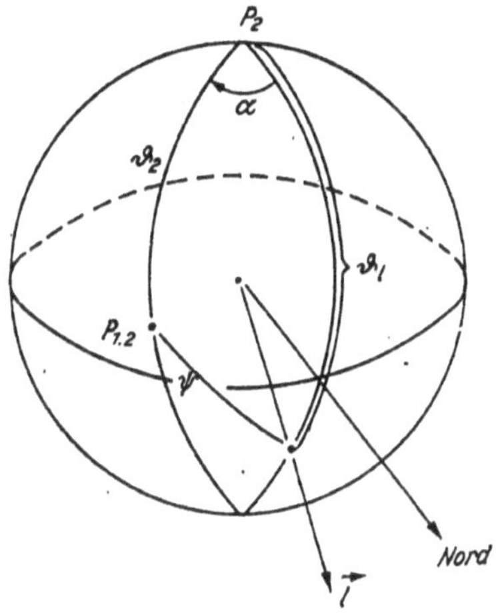

Bild 2

Wir finden leicht, vgl. Bild 1 und 2:

$$[g_{R_3}]_\sigma = f\,M_3\,\frac{1}{E^2}\sin\nu_E\,,$$

$$[W_{R_3}]_\sigma = f\,M_3\,\frac{1}{E}\,.$$

$\sin\nu_E$ ergibt sich in aller Strenge aus dem Winkel zwischen dem Vektor $\vec{E}$ und der Richtung zum Gravitationszentrum. ν_E ist in genügender Annäherung gleich der Erhebung des Vektors $\vec{E}$ über der im Punkte P_0 genommenen Tangentialebene an die Kugel K_1.

Die Spur der beiden Kugeln K_1 und K_2 hat von P_2 die Distanz

$$\vartheta_2 = \vartheta_{2.0} = 73°\,25'\,48''.$$

Der die Zentren der Kugeln K_2 und K_3 verbindende Vektor $\vec{l}$ hat die Poldistanz

$$\vartheta_2 = \vartheta_l = 112°\,32'\,20''.$$

So folgt

$$\left.\begin{aligned} [g_{R_3}]_\sigma &= f\, M_3 \frac{1}{E^3} (8{,}3\ \mathrm{km} + R_2 \cos \vartheta_2)\,, \\ [W_{R_3}]_\sigma &= f\, M_3 \frac{1}{E} \end{aligned}\right\} \qquad (3)$$

mit

$$E^2 = l^2 + R_2^2 - 2\, l\, R_2 \cos \psi\,,$$
$$\cos \psi = \cos \vartheta_2 \cos \vartheta_l + \sin \vartheta_2 \sin \vartheta_l \cos \alpha\,,$$
$$0 \leq \alpha \leq 2\pi\,,$$
$$0 \leq \vartheta_2 \leq \vartheta_{2,0}\,.$$

K_1

Die Werte der Größen

$$[g_{R_3}]_\sigma \quad \text{und} \quad [W_{R_3}]_\sigma$$

für auf der Kugel K_1 liegende Punkte $P_{1.1}$ bestimmen wir auch ganz analog in einem auf die Kugel K_1 bezüglichen sphärischen Polarkoordinatensystem.

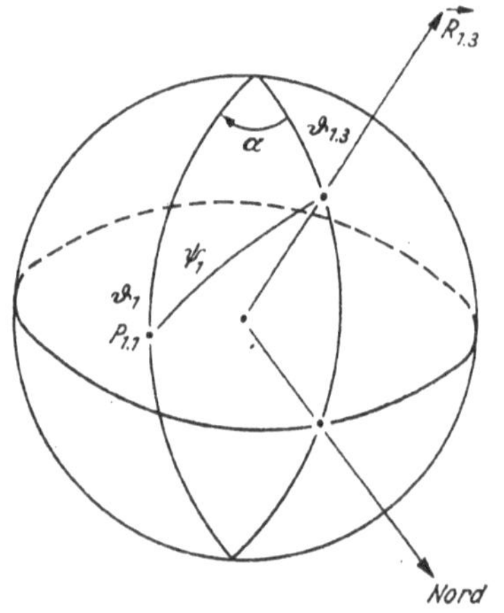

Bild 3

Wir erhalten

$$\left.\begin{aligned} [g_{R_3}]_\sigma &= f\, M_3 \frac{1}{E_1^3} [R_1 - R_{1.3} \cos \psi_1]\,, \\ [W_{R_3}]_\sigma &= f\, M_3 \frac{1}{E_1} \end{aligned}\right\} \qquad (4)$$

mit

$$E_1^2 = R_1^2 + R_{1.3}^2 - 2\, R_1\, R_{1.3} \cos \psi_1\,,$$
$$\cos \psi_1 = \cos \vartheta_1 \cos \vartheta_{1.3} + \sin \vartheta_1 \sin \vartheta_{1.3} \cos \alpha\,,$$
$$0 \leq \alpha \leq 2\pi\,,$$
$$\vartheta^* \leq \vartheta_1 \leq 2\pi\,,$$
$$R_{1.3} = 6359{,}7314\ \mathrm{km},$$
$$\vartheta_{1.3} = 0^\circ{,}\ 1802,$$
$$\vartheta^* = 3'\ 37{,}''250\,.$$

Die Formeln (2), (3) und (4) gestatten die Berechnung des Integrals von VENING-MEINESZ.

In den Gleichungen für Q_1 und Q_4 erscheint die radiale Komponente der Lotabweichung

$$\Theta_{\sigma \cdot r*} .$$

$\Theta_{\sigma \cdot r*}$ ist dabei für auf der Oberfläche gelegene Punkte zu nehmen.

Man findet leicht folgende Formeln:

Kugel K_2

$$\Theta_{\sigma \cdot r*} = -\frac{R_3^3}{E^3}\left(\sin \vartheta_{1.3} \cos \alpha - \frac{R_2}{R_1} \sin \vartheta_2 \cos \vartheta_{1.3}\right), \quad \begin{array}{l} 0 \leq \alpha \leq 2\pi , \\ 0 \leq \vartheta_2 \leq \vartheta_{2.0} ; \end{array} \tag{5}$$

Kugel K_1

$$\Theta_{\sigma \cdot r*} = \frac{R_{13} R_3^3}{R_1 E_1^3} (\sin \vartheta_{1.3} \cos \vartheta_1 \cos \alpha - \cos \vartheta_{1.3} \sin \vartheta_1) , \quad \begin{array}{l} 0 \leq \alpha \leq 2\pi , \\ \vartheta^* \leq \vartheta_1 \leq 2\pi . \end{array} \tag{6}$$

In der Gleichung für Q_2 taucht der Ausdruck

$$N_\sigma$$

auf. Wir brauchen in N_σ nur die von α abhängigen Glieder mitzunehmen und erhalten so

$$N_\sigma \rightarrow \frac{1}{G} [W_{R_3}]_\sigma . \tag{7}$$

G ist ein Mittelwert für die Schwere, $G = 535\,119$ mgal.

Setzen wir noch zur Abkürzung

$$S = \frac{[g_{R_4}]_\sigma}{f M_3} , \qquad P = \frac{[W_{R_3}]_\sigma}{f M_3} , \tag{8}$$

so folgt

$$\Delta g_F \rightarrow f M_3 \left[S - \frac{2}{R_1}\left(1 - \frac{h_n}{2 R_1}\right) P\right] , \tag{9}$$

$$N_\sigma \rightarrow \frac{f M_3}{G} P ,$$

$$\xi_\sigma \doteq -\frac{f M_3}{2 \pi \varrho''} \int_{\alpha=0}^{2\pi} \int_{\vartheta_1=0}^{\pi} \left[S - \frac{2}{R_1}\left(1 - \frac{h_n}{2 R_1}\right) P\right] V_M(\vartheta_1) \cos \alpha \, d\vartheta_1 \, d\alpha + \sum_{i=1}^{4} Q_i , \tag{10}$$

$$\left.\begin{aligned}
Q_1 &= \frac{1}{2\pi} \iint \cos \alpha \cdot \Theta_{\sigma \cdot r*} \frac{\partial}{\partial r} \left\{\frac{\zeta}{\sqrt{1 + \zeta^2}}\right\} dr \, d\alpha , \\
Q_2 &= -\frac{f M_3}{2 \pi G} \iint \cos \alpha \, P \frac{1}{r^2} \zeta (1 + \zeta^2)^{-\frac{1}{2}} dr \, d\alpha , \\
Q_3 &= -\frac{f M_3}{2 \pi G} \iint \cos \alpha \left[S - \frac{2}{R_1}\left(1 - \frac{h_n}{2 R_1}\right) P\right] \left[d\left\{\zeta^2 (1 + \zeta^2)^{-\frac{1}{2}}\right\} + \right. \\
&\quad \left. + \frac{1}{r}\left\{(1 + \zeta^2)^{\frac{1}{2}} - 1\right\} dr\right] d\alpha , \\
Q_4 &= -\frac{1}{2\pi} \iint \cos \alpha \cdot \Theta_{\sigma \cdot r*} \frac{1}{r} \zeta (1 + \zeta^2)^{-\frac{1}{2}} dr \, d\alpha .
\end{aligned}\right\} \tag{11}$$

Wir integrieren immer erst über α und dann über ϑ_1 bzw. r.

D

Die Integrationen erfolgten entweder durch einfaches Aufaddieren äquidistanter Ordinaten oder, wenn notwendig, nach der SIMPSONschen Regel.

Die Argumente ϑ_2 wurden nach folgender Formel auf die ϑ_1-Argumente transformiert

$$\sin \vartheta_2 = \frac{R_1 + h_n}{R_2} \cdot \sin \vartheta_1 .$$

Nachdem die Integrale

$$\Sigma S \cos\alpha \qquad \text{und} \qquad \Sigma P \cos\alpha$$

bekannt sind, läßt sich das Integral von VENING-MEINESZ in der Formel (10) berechnen.

Die Integrale

$$\int \sin\vartheta_1 \frac{df}{d\vartheta_1} d\vartheta_1$$

wurden der Tafel von SÖLLINS [2] entnommen.

Der Anteil der zentralen Zone um den Aufpunkt P_2 mit dem Radius $r_0 = 115{,}81$ m am Integral von VENING-MEINESZ ist

$$\delta\xi = 0{,}''1927 \frac{\partial \Delta g_F}{\partial x} \cdot r_0 .$$

Mit

$$\left[\frac{\partial \Delta g_F}{\partial x}\right]_{P_2} = -0{,}007\,602 \text{ mgal m}^{-1}$$

folgt

$$\delta\xi = -0{,}''170.$$

Wegen

$$\frac{\varrho''}{2\pi G} = 0{,}''061\,347$$

ist das Integral von VENING-MEINESZ in dem Bereich

$$0 \leq \vartheta_1 \leq 3'\,37{,}''250$$

gleich

$$-10{,}''616$$

und in dem Bereich

$$3'\,37{,}''250 \leq \vartheta_1 \leq 3°$$

gleich

$$-44{,}''898 .$$

Für den restlichen Bereich der Kugel K_1

$$3° \leq \vartheta_1 \leq 180°$$

ergab sich durch eine einfache Näherungsrechnung der Wert des Integrals gleich

$$-0{,}''001.$$

Es folgt

$$\frac{\varrho''}{2\pi G} \int\limits_{\vartheta_1=0}^{\pi} \sin\vartheta_1 \frac{df(\vartheta_1)}{d\vartheta_1} d\vartheta_1 \int\limits_{0}^{2\pi} \Delta g_F \cos\alpha\, d\alpha = -55{,}''51 . \tag{12}$$

In dem Bereich der Kugel K_2 haben wir für die Ermittlung von ζ die Formeln

$$(R_1 + h_n)^2 = (R_1 - 2)^2 + R_2^2 + 2(R_1 - 2) R_2 \cos\vartheta_2 .$$

Mit

$$R_1 = 6370 \text{ km}; \qquad R_2 = 7 \text{ km}$$

ergibt sich

$$h_n \cong \frac{(R_1 - 2)^2 + R_2^2 - R_1^2 + 2(R_1 - 2) R_2 \cos\vartheta_2}{2 R_1} ,$$

$$h_n \cong -1{,}9958 + 6{,}9978 \cos\vartheta_2 .$$

Weiter sei

$$h = h_n - 5$$

und

$$r \cong \vartheta_1 (R_1 + 5) = \vartheta_1 \cdot 6375 \text{ km} .$$

Dann erhalten wir

$$\zeta = \frac{h}{r}\,. \tag{13}$$

Für den Bereich der Kugel K_1 ergibt sich ζ nach (13) mit

$$h = -5\,\text{km}\,; \quad r \cong \vartheta_1 \cdot 6375\,\text{km}\,.$$

Die Ermittelung der

$$\Theta_{\sigma \cdot r*} \quad \text{und} \quad \Sigma\, \Theta_{\sigma \cdot r*} \cos\alpha\, d\alpha$$

ist mit den Formeln (5) und (6) ohne weiteres verständlich.

Es bleibt noch übrig, die Berechnung der Q_i $(i = 1, 2, 3, 4)$ zu erläutern.

Mit der Formel (11) ergibt sich Q_1 unschwer, und zwar ist das Integral für den Bereich der Kugel K_2 wegen

$$\frac{\varrho''}{2\pi} = 32\,828{,}''12$$

gleich

$$+\,13{,}''461$$

und für den Bereich der Kugel K_1 gleich

$$-\,6{,}''274\,.$$

Also

$$Q_1 = +\,7{,}''187\,. \tag{14}$$

Die Berechnung von Q_2 mit der Formel (11) ist ebenfalls ohne weiteres verständlich. Dabei ist

$$\varrho'' \frac{f M_3}{2\pi G} = 5153{,}539\,\text{km}^2\,.$$

Weil der Integrand für $\vartheta_2 \to 0$ gegen Unendlich geht, haben wir das Integral in dem Bereich $0 \leq \vartheta_2 \leq 0{,}^\circ 5$ einer besonderen Untersuchung unterzogen.

Es ergab sich für das Integral in den einzelnen Bereichen:

$$0 \leq \vartheta_2 \leq 0{,}^\circ 5 \to +\,0{,}''088\,,$$

$$0{,}^\circ 5 \leq \vartheta_2 \leq 73^\circ 25' 48'' \to +\,11{,}''416\,,$$

$$3' 37{,}''25 \leq \vartheta_1 \leq 1^\circ 02' \to +\,13{,}''942\,.$$

Also insgesamt

$$Q_2 = 25{,}''446\,. \tag{15}$$

In den Berechnungen zur Bestimmung von Q_3 ist das Integral in den betreffenden Bereichen gleich:

$$0 \leq \vartheta_2 \leq 73^\circ 25' 48'' \to -\,4{,}''576\,,$$

$$3' 37{,}''25 \leq \vartheta_1 \leq 1^\circ 02' \to +\,6{,}''740\,.$$

Also

$$Q_3 = +\,2{,}''164\,. \tag{16}$$

Das Integral für Q_4 ist in den betreffenden Bereichen

$$0 \leq \vartheta_2 \leq 73^\circ 25' 48'' \to -\,11{,}''202\,,$$

$$3' 37{,}''25 \leq \vartheta_1 \leq 1^\circ 02' \to -\,8{,}''436\,.$$

Somit insgesamt

$$Q_4 = -\,19{,}''638\,.$$

Es sei festgestellt, daß es bei der Berechnung der Q_i besser gewesen wäre, ϑ_1 einheitlich im ganzen Bereich als Parameter einzuführen. Der Gebrauch von ϑ_2 als Parameter ist auch deswegen ungünstig, weil ϑ_2 keine lineare Funktion von ϑ_1 ist, so daß beim gegenseitigen Austausch von ϑ_1 und ϑ_2 die Funktionaldeterminante nicht konstant ist.

Zusammenstellung der Ergebnisse der Integrationen:

Lotabweichung nach dem Integral von VENING-MEINESZ		— 55,″51
Korrektionsgrößen		
Q_1	+ 7,″187	
Q_2	+ 25,″446	
Q_3	+ 2,″164	
Q_4	— 19,″638	
$\sum_1^4 Q_i$		+ 15,″16
Lotabweichung aus Freiluftanomalien		— 40,″35
Lotabweichung aus den Massen des Modells		— 40,″57
Differenz		0,″22

Die restliche Differenz von 0,″22 kann man als innerhalb der Rechengenauigkeit liegend bezeichnen. Die Summe der Korrektionsgrößen $\sum_1^4 Q_i$ wird jedenfalls mit einem relativen Fehler von nur 10^{-2} wiedergegeben.

Literaturverzeichnis

[1] ARNOLD, K.: Strenge Theorie der absoluten Lotabweichungen als Funktionen der Freiluftanomalien der Schwere. Veröff. des Geod. Inst. Potsdam (Dt. Akad. d. Wiss. Berlin) Nr. **13**, 1959.

[2] SOLLINS, A. D.: Tables for the computation of deflections of the vertical from gravity anomalies. Bull. géod. **1947**, Nr. 6, S. 279—300.

Anwendung der strengen Theorie der gravimetrischen Lotabweichungen auf die meridionale Komponente der Lotabweichung am Brocken im Harzgebirge

A

Wir wollen jetzt ein aus der Praxis herausgegriffenes Beispiel zur strengen Theorie der gravimetrischen Lotabweichungen durchrechnen. Unser Interesse gilt dabei vor allem den in [1] gefundenen Korrektionsgrößen Ψ_i für das Integral von VENING-MEINESZ. Das Integral von VENING-MEINESZ selbst wollen wir daher nicht berechnen. Der Korrektion der Lotabweichung wegen der Lotkrümmung wollen wir uns ebenfalls nicht zuwenden. Die Summe der Korrektionsgrößen für die Lotabweichung im Meridian ξ sei

$$\Delta\xi = \sum_{i=1}^{3} \Psi_i . \tag{1}$$

Nach einfachen Umformungen folgt aus [1] Gleichung (142):

$$\Psi_1 = -\frac{1}{2\pi} \iint \left(\frac{\partial \xi_{\sigma *}}{\partial X} + \frac{\partial \eta_{\sigma *}}{\partial Y} \right) \cos\alpha\, \zeta\, dr\, d\alpha , \tag{2}$$

$$\Psi_2 = \frac{1}{2\pi G} \iint \frac{\partial \Delta g_F}{\partial X} \left(1 - \frac{3}{2} \sin^2\alpha \right) \zeta^2\, dr\, d\alpha , \tag{3}$$

$$\Psi_3 = \frac{3}{8\pi G} \iint \frac{\partial \Delta g_F}{\partial Y} \sin 2\alpha\, \zeta^2\, dr\, d\alpha . \tag{4}$$

Es gilt nun, die vorstehenden drei Integrale in bezug auf den Brockengipfel im Harzgebirge (1142 m über NN) als Aufpunkt auszuwerten. Nur die engere Umgebung des Brockens ist von wesentlichem Einfluß auf diese drei Integrale, weil die Werte der drei Integranden mit wachsender Entfernung vom Aufpunkt abnehmen. Besonders schnell nimmt ζ^2 mit wachsendem r ab.

Wir tragen diesen Besonderheiten Rechnung und führen die Integration über die engere Umgebung des Brockens, nämlich über den Bereich

$$51°30' \leq \varphi \leq 52°5' ,$$

$$-30' \leq l \leq +30' ,$$

$$l = \lambda - \lambda_0$$

(φ, λ: Geographische Breite, Länge
λ_0: Geographische Länge des Brockens)

besonders gewissenhaft aus.

Wir unterteilen diesen Bereich durch ein Gitter mit nahezu quadratischen Maschen. Die Maschenweite ist $\Delta\varphi = 1'$ und $\Delta\lambda = 2'$. Für die praktische Rechnung können wir dieses Gitter in genügender Annäherung als quadratisch annehmen (Maschenweite $\cong$ 2 km). Weil wir in den Integralen der Gleichungen (2), (3), (4) Polarkoordinaten r, φ als Integrationsvariable eingeführt haben, überdecken wir das genannte quadratische Gitter mit einem Polarkoordinatensystem, vgl. Bild 4. Die Öffnungswinkel der einzelnen von den Linien $\alpha = \text{const}$ begrenzten Sektoren sind gleich 30°.

Die einzelnen von den Linien $\alpha = \text{const}$ und $r = \text{const}$ umschlossenen Kompartimente werden von Kreisen mit folgenden Radien beziehungsweise begrenzt:

$$r = 0,\ 2,\ 3,\ 4,\ 5,\ 10,\ 25\ \text{km}\ .$$

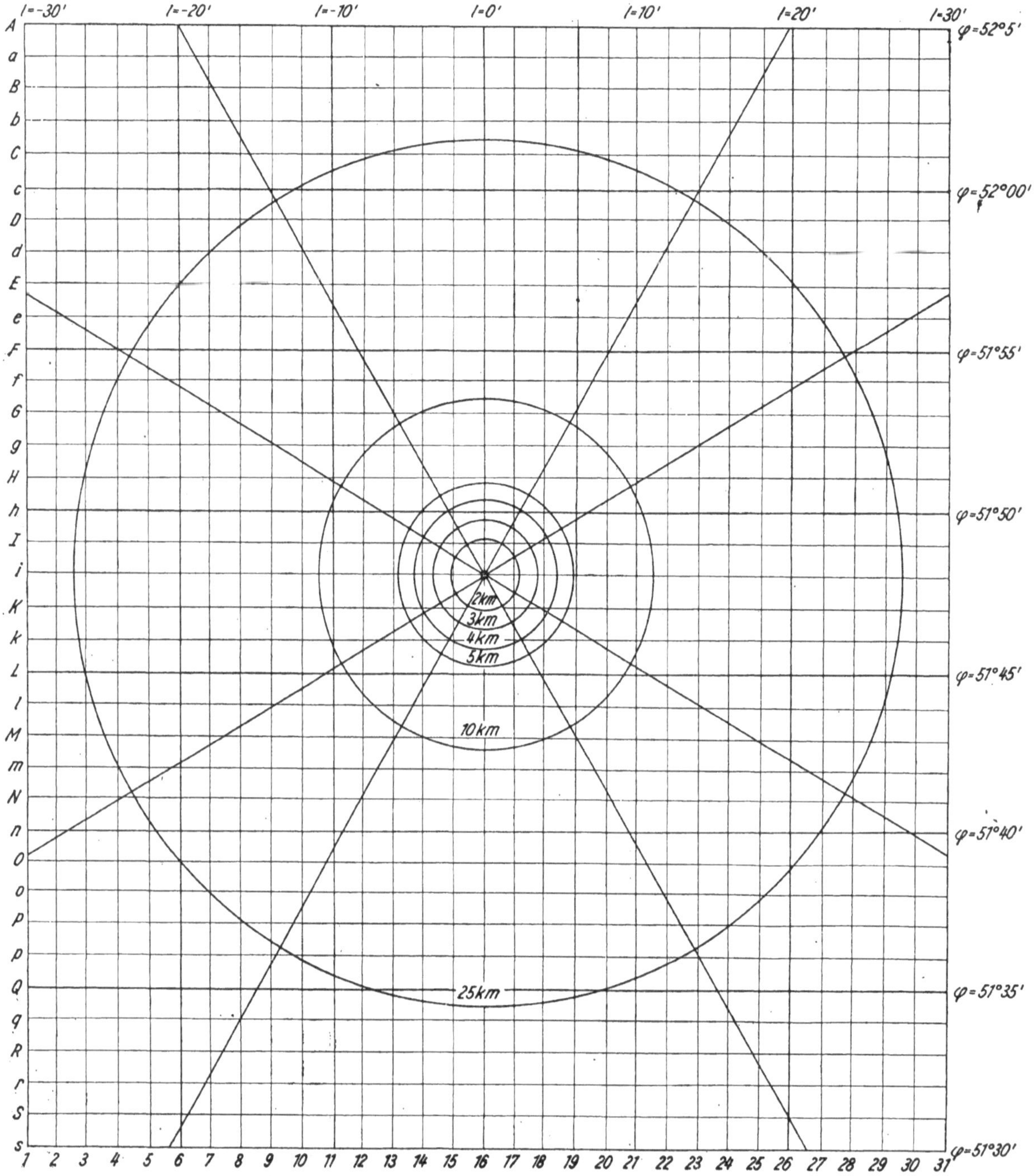

Bild 4

Die Berechnung der Größen

$$\Psi_1, \quad \Psi_2, \quad \Psi_3$$

gestaltet sich folgendermaßen:

Aus den von GALLE [2] angegebenen Karten über den Verlauf der relativen Lotabweichungen im Meridian und im Ersten Vertikal (ξ_σ und η_σ) im Gebiet des Harzes (Bild 5 und 6) läßt sich die Größe

$$\frac{\partial \xi_{\sigma *}}{\partial X} + \frac{\partial \eta_{\sigma *}}{\partial Y} = 2\,H$$

ermitteln. Weil innerhalb des Bereiches des quadratischen Gitters die Meridiankonvergenz sich um weniger als 1° ändert, können wir die in Richtung der GAUSS-KRÜGER-Koordinaten-Linien genommenen Lotabweichungen $\xi_{\sigma *}$ und $\eta_{\sigma *}$ durch die Komponenten im Meridian ξ_σ und im Ersten Vertikal η_σ ersetzen. Es gilt also, aus den beiden von GALLE geschaffenen Karten über den Verlauf der Linien $\xi_\sigma = \text{const}$ und $\eta_\sigma = \text{const}$ die Werte der Funktion H zu ermitteln.

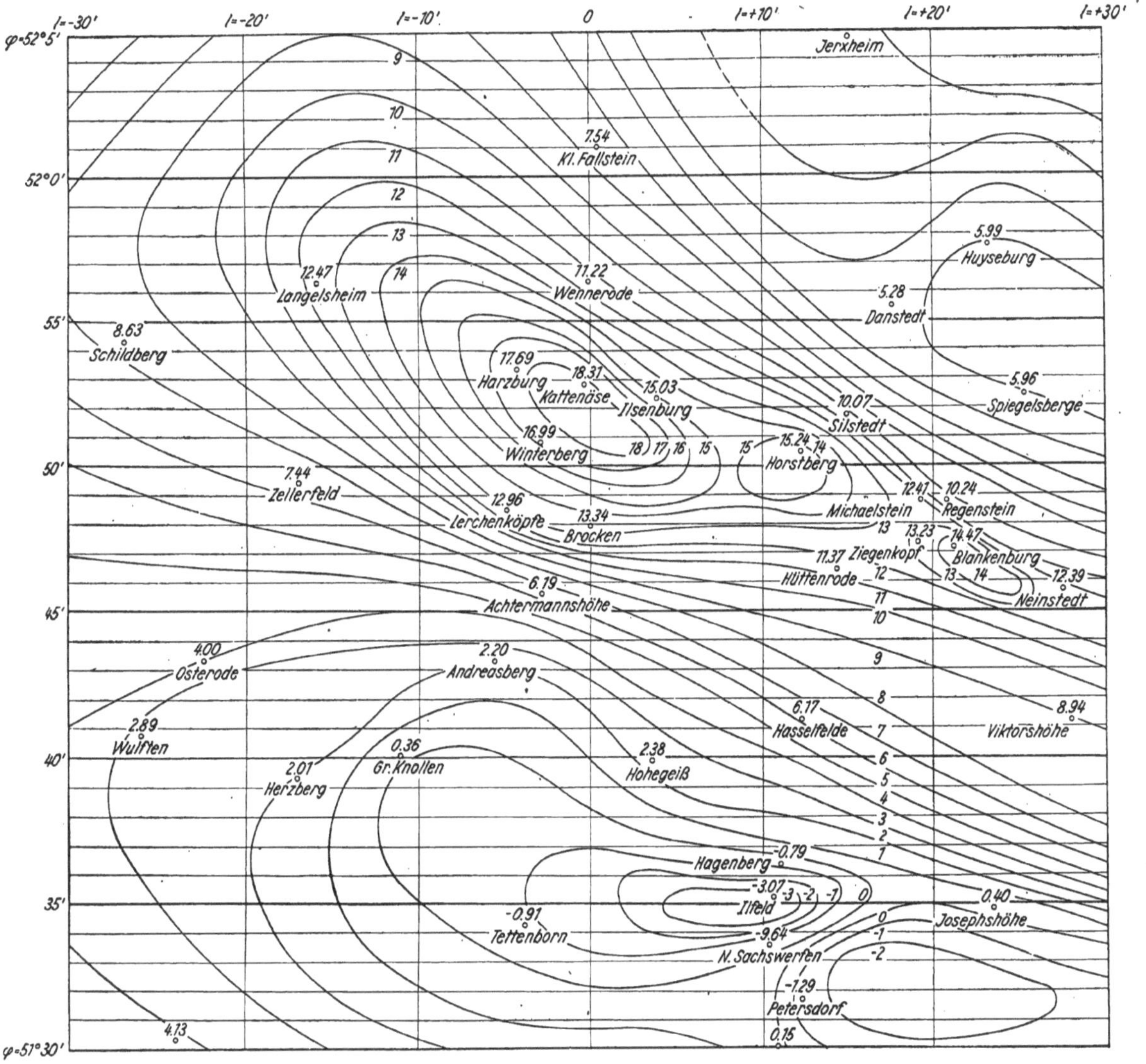

Bild 5. Lotabweichungen im Meridian, ξ_σ

Aus Bild 5 bestimmen wir die Werte ξ_σ entlang den Linien $\varphi = \text{const}$ $(A, a, B, b, \ldots, S, s)$ im quadratischen Gitter des Bildes 4. Durch Differenzbildung zwischen den Werten von ξ_σ, die auf benachbarten Linien $\varphi = \text{const}$ und in Punkten mit gleicher geographischer Länge λ liegen, erhalten wir die Differenzenquotienten

$$\frac{\Delta \xi_\sigma}{\Delta X} \cong \frac{\partial \xi_\sigma}{\partial X}\,.$$

Nach einem analogen Verfahren erhalten wir aus Bild 6 die Differenzenquotienten

$$\frac{\Delta \eta_\sigma}{\Delta Y} \approx \frac{\partial \eta_\sigma}{\partial Y}.$$

Die Addition beider Werte ergibt die gesuchte Funktion. Untersuchen wir noch die Größe der mittleren Fehler der Lotabweichungen ξ_σ und η_σ.

Die zum Zwecke der Bestimmung der Lotabweichungen ξ_σ, η_σ ausgeführten Polhöhen- und astronomischen Azimutbestimmungen sind in dem Werk von GALLE [2] einschließlich ihrer mittleren Fehler zusammengestellt. In das Gebiet des quadratischen Gitters und in die Nachbarschaft seines Randes fallen nach GALLE etwa 36 Polhöhenbestimmungen. Ihr mittlerer Fehler ist praktisch gleich dem mittleren Fehler der Lotabweichung im Meridian, nämlich

$$m_\varphi = m_{\xi_\sigma} = \pm\, 0{,}''16\,. \tag{5a}$$

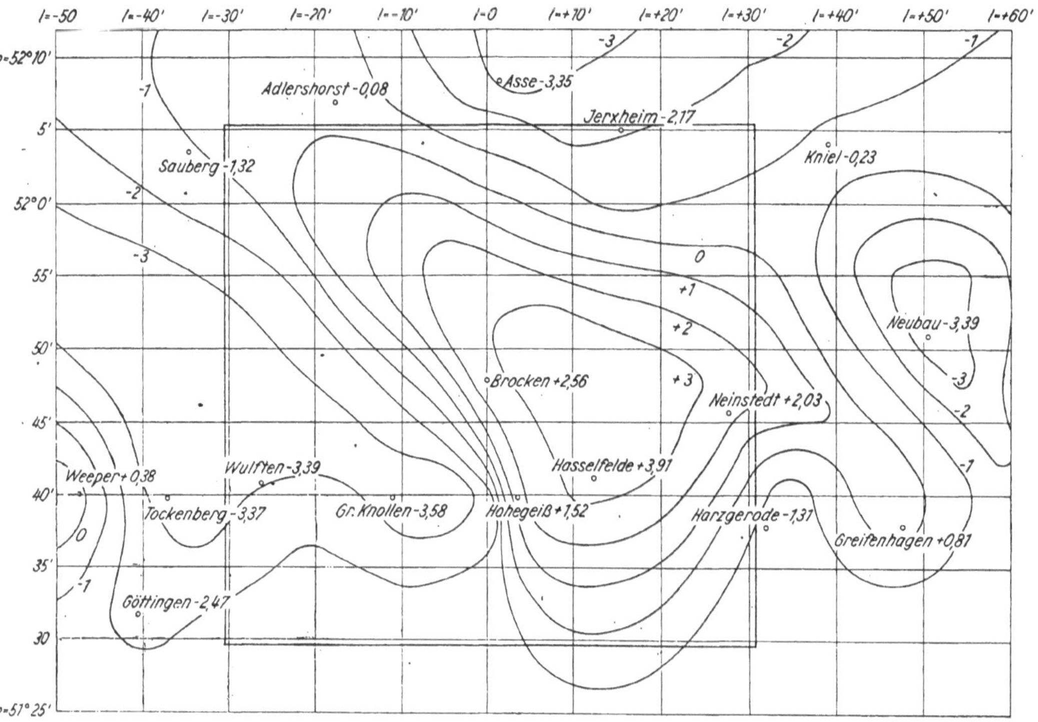

Bild 6. Lotabweichungen im ersten Vertikal, η_σ

Bei der Bestimmung der Lotabweichungen im Ersten Vertikal η_σ für den Bereich des quadratischen Gitters wirken nach Bild 6 etwa 11 astronomische Azimutbeobachtungen mit. Ihr mittlerer Fehler ist im Durchschnitt gleich

$$m_\alpha = \pm\, 0{,}''33\,.$$

Betrachten wir die aus den Triangulationen erhaltenen geodätischen Positionen und Azimute als fehlerfrei, so ist der mittlere Fehler von η_σ

$$m_{\eta\sigma} = \operatorname{cotg} \varphi \cdot m_\alpha = \pm\, 0{,}''26\,. \tag{5b}$$

Die aus den Darstellungen in den Bildern 5 und 6 ermittelten Werte

$$\frac{\partial \xi_\sigma}{\partial X}\,; \quad \frac{\partial \eta_\sigma}{\partial Y}\,; \quad 2\,H$$

sind als Anomalien mit regionalem Charakter anzusehen, d. h., sie sind für ein mehr oder weniger großes Gebiet repräsentativ. Diese auch für die aus ihnen gebildete Funktion H

Tabelle 1 $2\left(\frac{\partial \xi_\sigma}{\partial X} + \frac{\partial \eta_\sigma}{\partial Y}\right)$ $[1'' \cdot km^{-1}]$

	1	2	3	4	5	6	7	8	9	10	11	12	13	14	15	16	17	18	19	20	21	22	23	24	25	26	27	28	29	30	31
A	-0,3	-0,1	-0,3	-0,6	0	-0,4	-0,5	-0,6	-0,6	-0,6	-0,7	-0,6	-0,6	-0,5	-0,5	-0,6	-0,5	-0,4	-0,4	-0,1	0	0	-0,1	0	0	+0,1	+0,1	+0,1	-0,1	0	
a	-0,3	0	-0,2	-0,4	+0,1	-0,3	-0,5	-0,6	-0,5	-0,7	-0,7	-0,7	-0,6	-0,6	-0,6	-0,6	-0,5	-0,4	-0,4	-0,3	-0,1	-0,1	-0,1	-0,1	-0,1	-0,1	-0,2	-0,2	-0,2	-0,1	
B	-0,3	0	-0,2	0	-0,2	-0,2	-0,4	-0,6	-0,5	-0,6	-0,8	-0,8	-0,9	-0,6	-0,6	-0,7	-0,8	-0,6	-0,5	-0,4	-0,2	-0,1	-0,1	-0,1	-0,3	-0,4	-0,5	-0,5	-0,5	-0,4	
b	-0,2	0	0	0	-0,2	-0,2	-0,3	-0,7	-0,5	-0,6	-0,8	-0,7	-0,9	-0,7	-0,7	-0,7	-0,7	-0,7	-0,6	-0,5	-0,3	-0,2	-0,2	-0,2	-0,2	-0,3	-0,5	-0,6	-0,6	-0,5	
C	0	+0,1	+0,1	+0,2	-0,1	0	-0,3	-0,6	-0,4	-0,7	-0,8	-0,7	-0,9	-0,9	-0,8	-0,8	-0,8	-0,8	-0,7	-0,6	-0,5	-0,4	-0,2	-0,2	-0,4	-0,5	-0,5	-0,5	-0,5	-0,5	
c	+0,1	0	+0,2	+0,4	-0,1	+0,1	-0,2	-0,5	-0,4	-0,5	-0,8	-0,7	-0,8	-1,0	-1,0	-0,9	-0,8	-0,9	-0,9	-0,7	-0,6	-0,6	-0,4	-0,4	-0,4	-0,5	-0,5	-0,4	-0,4	-0,4	
D	+0,2	+0,1	+0,3	+0,6	+0,3	+0,1	+0,1	-0,3	-0,4	-0,5	-0,8	-0,9	-0,9	-1,1	-1,1	-1,1	-0,9	-1,0	-1,0	-0,9	-0,7	-0,5	-0,5	-0,4	-0,4	-0,5	-0,5	-0,5	-0,5	-0,5	
d	+0,2	+0,2	+0,4	+0,6	+0,7	+0,2	+0,3	+0,1	-0,3	-0,4	-0,8	-1,1	-1,2	-1,2	-1,2	-1,2	-1,1	-1,0	-1,0	-0,9	-0,8	-0,7	-0,5	-0,4	-0,5	-0,4	-0,3	-0,3	-0,4	-0,5	
E	+0,3	+0,2	+0,5	+0,7	+0,9	+0,7	+0,6	+0,4	+0,1	-0,1	-0,6	-1,1	-1,5	-1,5	-1,4	-1,3	-1,2	-1,0	-1,1	-1,1	-0,9	-0,7	-0,6	-0,4	-0,3	-0,4	-0,3	-0,3	-0,3	-0,5	
e	+0,4	+0,4	+0,5	+0,7	+0,9	+1,1	+0,9	+0,8	+0,5	+0,5	+0,1	-0,5	-1,2	-1,8	-2,0	-1,7	-1,4	-1,3	-1,3	-1,3	-1,3	-0,9	-0,5	-0,3	-0,2	-0,2	-0,3	-0,2	-0,4	-0,4	
F	+0,5	+0,5	+0,5	+0,8	+0,9	+1,0	+1,1	+1,0	+1,0	+0,6	+0,4	-0,1	-0,9	-1,6	-1,8	-1,8	-1,8	-1,7	-1,4	-1,5	-1,5	-1,4	-1,1	-0,4	-0,3	0	0	0	-0,3	-0,4	
f	+0,6	+0,7	+0,7	+0,8	+0,9	+1,0	+1,3	+1,2	+1,3	+1,0	+0,9	+0,5	0	-0,6	-1,8	-2,1	-1,3	-1,4	-1,8	-1,9	-1,9	-1,8	-1,5	-0,9	-0,3	+0,1	+0,1	+0,2	+0,1	-0,1	
G	+0,5	+0,7	+0,6	+0,6	+0,9	+1,1	+1,3	+1,4	+1,5	+1,4	+1,2	+1,2	+0,7	+0,5	-0,1	-1,3	-1,7	-1,3	-1,4	-1,7	-2,1	-2,3	-2,0	-1,5	-1,1	-0,5	-0,1	0	+0,1	+0,2	
g	+0,5	+0,6	+0,6	+0,8	+0,9	+1,1	+1,5	+1,5	+1,6	+1,8	+1,3	+1,8	+1,5	+1,2	+0,8	0	-1,3	-1,5	-0,9	-1,2	-1,8	-2,4	-2,3	-2,0	-1,8	-1,4	-1,1	-0,6	-0,2	0	
H	+0,5	+0,6	+0,6	+0,8	+0,8	+0,8	+1,4	+1,6	+1,8	+2,2	+1,7	+1,7	+2,0	+2,2	+1,7	+1,5	+0,9	+0,3	-0,1	-0,4	-0,8	-1,3	-1,8	-2,0	-1,8	-1,6	-1,6	-1,3	-1,1	-0,8	
h	+0,4	+0,6	+0,7	+0,9	+0,9	+0,8	+1,0	+1,3	+1,7	+2,0	+2,4	+2,2	+1,9	+2,0	+2,2	+2,3	+1,7	+1,1	+0,5	+0,3	+0,3	+0,2	-0,2	-1,0	-1,4	-1,2	-1,5	-1,6	-1,4	-1,2	
I	+0,3	+0,4	+0,5	+0,7	+0,9	+0,9	+1,0	+1,1	+1,5	+1,9	+2,3	+3,1	+2,9	+2,2	+2,0	+2,1	+2,2	+2,2	+1,6	+1,6	+1,7	+1,4	+0,7	0	-1,2	-1,8	-1,2	-1,2	-1,7	-1,6	
i	+0,4	+0,5	+0,5	+0,7	+0,8	+0,9	+1,1	+1,2	+1,4	+1,8	+2,2	+3,0	+3,9	+4,4	+3,5	+2,7	+2,2	+2,0	+1,8	+1,7	+1,5	+1,5	+1,1	+0,3	-0,6	-2,2	-2,7	-1,8	-1,4	-1,4	
K	+0,2	+0,3	+0,4	+0,5	+0,6	+0,8	+1,0	+1,2	+1,4	+1,6	+1,8	+2,2	+2,9	+3,5	+3,6	+3,1	+2,5	+2,0	+1,9	+1,4	+1,2	+1,3	+1,1	+0,9	+1,0	+0,6	-1,5	-2,7	-1,9	-1,5	
k	+0,2	+0,2	+0,3	+0,3	+0,5	+0,6	+0,7	+0,8	+1,0	+1,2	+1,7	+1,9	+2,2	+3,0	+3,0	+2,5	+2,4	+2,0	+2,0	+1,2	+1,1	+1,1	+1,1	+1,1	+1,2	+1,9	+2,1	+0,7	-0,9	-1,4	
L	+0,2	+0,2	+0,3	+0,2	+0,4	+0,7	+0,7	+1,0	+1,1	+1,0	+1,3	+1,4	+1,9	+2,7	+3,0	+2,6	+2,0	+1,7	+1,8	+1,2	+1,2	+0,9	+0,7	+0,7	+0,8	+1,1	+1,0	+1,0	+0,6	-0,2	
l	+0,2	+0,2	+0,4	+0,5	+0,8	+1,0	+0,9	+0,8	+0,8	+0,9	+1,3	+1,4	+1,8	+2,1	+2,7	+2,5	+2,2	+1,9	+1,6	+1,3	+1,2	+0,9	+0,4	+0,4	+0,4	+0,4	+0,4	+0,8	+0,7	+1,1	
M	+0,2	+0,4	+1,1	+0,8	+0,4	+0,1	+0,3	+0,4	+0,6	+0,8	+1,0	+1,0	+1,3	+1,8	+2,2	+2,4	+1,9	+1,3	+1,6	+1,6	+1,4	+1,0	+0,4	+0,2	+0,2	+0,1	+0,1	+0,3	+0,2	-0,2	
m	+0,4	+0,6	+0,7	+0,2	+0,2	+0,1	+0,1	+0,1	+0,5	+0,9	+0,9	+0,8	+0,9	+1,3	+1,9	+2,6	+2,3	+1,4	+1,4	+1,5	+1,6	+1,0	+0,7	+0,5	+0,1	0	0	-0,1	-0,1	+0,1	
N	+0,4	+0,3	+0,4	+0,2	+0,2	+0,1	+0,1	+0,3	+0,6	+0,7	+0,7	+0,6	+0,6	+0,7	+1,5	+2,6	+2,2	+1,2	+1,2	+1,4	+1,5	+0,9	+1,0	+0,8	+0,6	+0,1	0	-0,3	-0,4	-0,2	
n	+0,4	+0,2	+0,2	+0,2	+0,2	+0,1	+0,2	+0,3	+0,3	+0,2	+0,3	+0,3	+0,5	+0,6	+1,3	+2,6	+2,4	+1,2	+1,0	+1,3	+1,2	+1,2	+1,4	+1,1	+1,0	+0,6	+0,3	-0,3	-0,5	-0,2	
O	+0,3	+0,1	+0,2	+0,2	+0,1	+0,1	+0,2	+0,1	0	-0,2	+0,1	+0,2	+0,2	+0,6	+1,1	+2,4	+3,0	+1,9	+1,2	+1,2	+1,2	+1,2	+1,2	+1,2	+1,4	+1,2	+0,9	+0,5	0	-0,1	
o	+0,2	0	+0,1	+0,2	0	0	+0,1	-0,1	-0,2	-0,2	0	+0,1	+0,3	+0,7	+1,0	+2,1	+3,1	+2,3	+1,7	+1,6	+1,4	+1,2	+1,4	+1,4	+1,4	+1,3	+1,1	+1,1	+1,1	+0,7	
P	+0,1	0	+0,1	0	-0,1	-0,1	-0,2	-0,3	-0,3	-0,3	-0,1	0	+0,3	+0,6	+0,8	+2,0	+2,9	+2,6	+2,2	+2,2	+2,3	+2,2	+1,6	+1,1	+1,4	+1,5	+1,4	+1,3	+1,4	+1,4	
p	0	0	0	-0,1	-0,1	-0,1	-0,2	-0,3	-0,3	-0,4	-0,2	-0,2	0	+0,2	+0,4	+0,9	+1,8	+1,8	+1,6	+1,5	+1,5	+0,9	+0,2	+0,2	+0,8	+1,2	+1,3	+2,0	+2,2	+2,1	
Q	0	-0,1	-0,1	-0,2	-0,2	-0,2	-0,2	-0,3	-0,3	-0,4	-0,3	-0,2	-0,2	-0,2	+0,3	-0,1	+0,5	-0,2	-0,4	-1,0	-1,9	-1,7	0	+1,2	+1,2	+1,0	+0,8	+0,8	+1,0	+1,7	
q	-0,1	-0,2	-0,2	-0,3	-0,2	-0,3	-0,3	-0,4	-0,4	-0,4	-0,4	-0,6	-0,2	-0,5	-0,2	-0,6	-0,2	-1,3	-1,4	-1,7	-1,1	+0,5	+1,3	+0,8	+0,6	+0,7	+0,7	+0,7	+0,6	+0,8	
R	0	-0,2	-0,2	-0,3	-0,3	-0,4	-0,5	-0,5	-0,4	-0,4	-0,4	-0,4	-0,4	-0,5	-0,3	-0,6	-0,2	-0,2	-0,3	-0,2	+0,3	+0,5	0	-0,1	0	+0,1	+0,1	+0,4	+0,6	+0,7	
r	-0,1	-0,2	-0,2	-0,3	-0,3	-0,4	-0,3	-0,4	-0,5	-0,5	-0,5	-0,5	-0,4	-0,4	-0,4	-0,5	-0,3	0	-0,1	-0,1	-0,2	-0,2	-0,3	-0,4	-0,5	-0,5	-0,6	-0,4	-0,3	-0,1	
S	-0,1	-0,2	-0,2	-0,4	-0,3	-0,4	-0,4	-0,5	-0,6	-0,6	-0,6	-0,6	-0,6	-0,6	-0,5	-0,5	-0,3	0	-0,2	-0,1	-0,4	-0,7	-0,8	-0,7	-0,7	-0,7	-0,8	-0,7	-0,7	-0,4	
s																															

gültige Eigenschaft ist bei der Durchführung der Integration nach Gleichung (2) recht vorteilhaft und die Genauigkeit der auf diesem Wege ermittelten Funktion ist sicher ausreichend und wird in unserem Spezialfall das Integral Ψ_1 auf 0,″1 als richtig verbürgen.

Wir kennen nun die genannte Größe für jede einzelne Masche des quadratischen Netzes des Bildes 4 und haben sie in Tabelle 1 ausführlich dargestellt.

Die ζ-Werte charakterisieren die Topographie.

$$\zeta = \frac{h}{r};$$

h: Höhenunterschied gegenüber dem Brockengipfel,

r: Horizontale Entfernung vom Brockengipfel.

ζ ist in unserem Beispiel immer negativ, weil der Brocken seine Umgebung der Höhe nach überragt. Die Höhenunterschiede h wurden den topographischen Karten 1:25 000 und 1:1 Mill. entnommen.

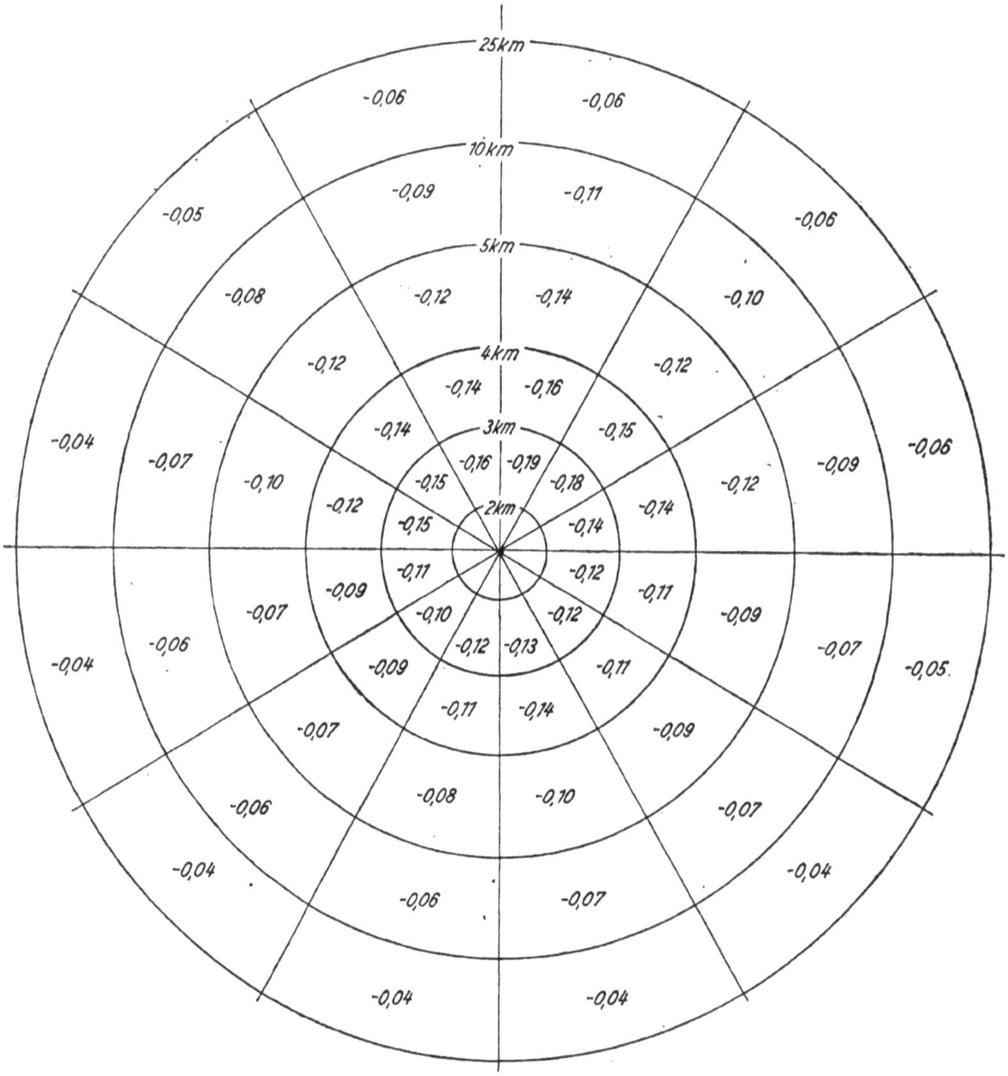

$$\xi = \frac{h}{r}$$

Tabelle 2

Tabelle 2 stellt die Werte von ζ dar. Die Mittelwerte der ζ-Werte für die einzelnen 60 Kompartimente sind in Tabelle 2 in den Mitten dieser Kompartimente verzeichnet.

Bild 7 gibt den Verlauf der Linien gleichgroßer Freiluftanomalien Δg_F im Gebiet des Harzes wieder. Diese Karte wurde zusammengestellt teils aus Karten, die die Freiluftanomalien an-

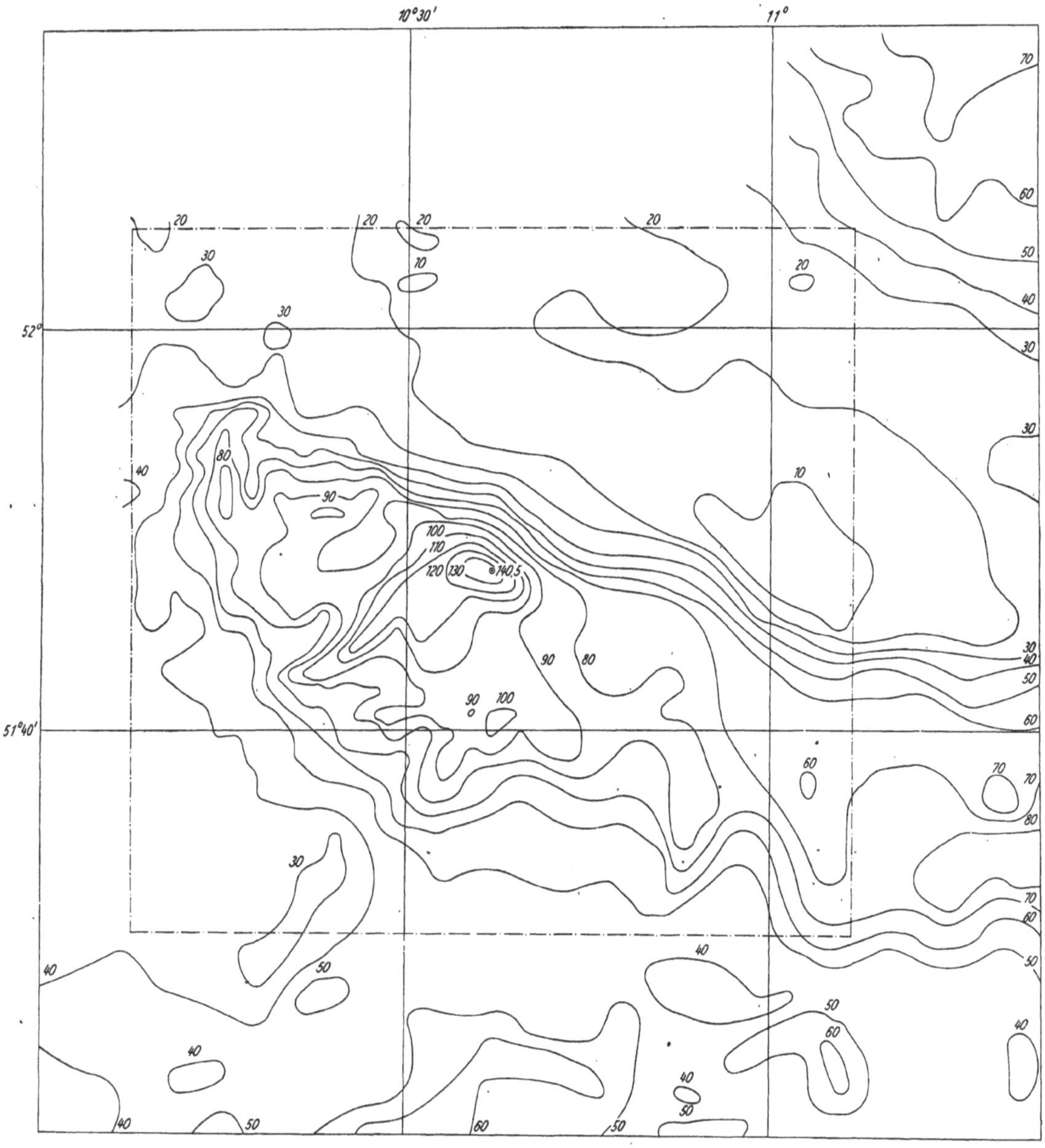

Bild 7. Freiluftanomalien nach der internationalen Schwereformel in mgal

zeigen, teils aus Karten, die die Bouguer-Anomalien [4] darstellen. Im letzten Falle mußten die Bouguer-Anomalien durch eine einfache Umrechnung in Freiluftanomalien verwandelt werden.

Das Integrationsgebiet

$$51°30' \leq \varphi \leq 52°5' ,$$

$$-30' \leq l \leq +30'$$

Tabelle 3 $2\,\dfrac{\partial \Delta g_F}{\partial X}$ [mgal km^{-1}]

	1	2	3	4	5	6	7	8	9	10	11	12	13	14	15	16	17	18	19	20	21	22	23	24	25	26	27	28	29	30	31
A	−6	−7	−5	−3	0	+1	0	0	+1	+1	+1	+2	+2	+3	+3	+3	+2	+1	+1	+1	+2	+2	+2	+1	+1	+1	+2	+3	+4	+5	
a	−4	−6	−3	−3	−3	0	+1	+1	−1	−2	0	+3	+7	+3	0	0	+1	0	+1	+1	+1	+2	+2	+2	+2	+2	+3	+5	+5	+5	
B	0	−1	−2	−1	−2	−2	−1	−2	−3	−3	−1	0	0	0	−1	−1	0	−2	−4	−2	0	+1	+1	+1	+1	0	0	+1	+1	+1	
b	0	0	+1	+1	0	−2	−1	−1	0	0	−4	−2	−3	−1	+1	0	−4	−7	−5	−3	−2	−1	−1	−1	−1	0	0	−2	−2	0	
C	−1	+1	+2	+1	+1	−4	−6	0	+2	0	−2	−2	−2	−1	0	+1	+1	+3	−1	−3	−3	−3	−2	−2	−1	0	0	0	0	0	
c	−1	−2	−1	+2	+2	+4	+3	−1	−2	−2	−1	−3	+1	0	0	+1	+3	+4	+3	+1	−1	−3	−3	−1	0	0	0	0	0	+1	
D	0	−2	−4	−4	−1	−2	−1	0	+1	−4	−5	+2	+2	+2	+2	0	+1	+4	+6	+6	+4	+1	−1	0	+1	+2	+1	+1	+1	+1	
d	−1	−3	−4	−2	−8	−5	−2	−1	−1	+4	+3	−2	0	0	+1	+1	0	0	+1	+3	+4	+5	+5	+3	+2	+2	+2	+2	+2	+2	
E	−2	−2	−7	−20	−29	−18	−3	−3	−5	−5	−2	−1	−3	−3	−4	−3	−2	−2	−2	−2	0	+2	+4	+4	+3	+2	+3	+3	+3	+3	
e	−1	+2	−1	−10	+1	+5	−12	−14	−9	−7	−3	0	−5	−4	−3	−2	−2	−2	−2	−2	−2	−1	+1	+1	+1	+1	+2	+3	+4	+4	
F	−2	−2	−8	−6	−3	−5	−4	−10	−11	−7	−8	−10	−9	−8	−5	−3	−2	−1	−1	−1	0	0	0	+1	+1	+1	+1	+2	+2	+2	
f	−1	−5	0	−4	−6	−13	−24	−15	−20	−28	−25	−21	−10	−8	−8	−7	−5	−3	−2	−1	−1	0	0	+1	+2	+1	+2	+2	+1	+1	
G	−5	+2	−4	−4	+2	0	−4	−9	−6	−9	−19	−27	−17	−18	−16	−12	−8	−5	−3	−1	+1	+1	+2	+3	+2	+2	+1	+1	+1	0	
g	+5	−2	+2	+1	−11	−8	−5	−15	−16	−3	−2	−9	−14	−16	−21	−16	−11	−7	−5	−4	−4	−2	−1	0	+1	+1	+1	+1	+1	0	
H	−6	−6	−1	+8	+6	0	+3	+8	+11	+4	+3	+1	−9	−12	−23	−20	−15	−10	−7	−7	−9	−8	−6	−2	−1	+1	+1	+1	+1	+2	
h	−2	−1	+2	+6	+4	−4	−6	−1	+1	0	0	−1	−6	−11	−23	−21	−19	−16	−12	−8	−10	−13	−14	−12	−4	+1	+1	+1	+1	+2	
I	+2	+6	+7	+2	−1	−1	−2	−6	−8	−3	−8	−10	−11	−15	−23	−28	−21	−20	−19	−19	−17	−15	−14	−13	−10	−5	0	0	+1	+1	
ı	0	0	+4	+6	+2	0	+2	+4	+3	−6	−16	−18	−8	−5	+21	+11	−4	−10	−15	−17	−18	−17	−16	−15	−15	−11	−5	−2	−1	−1	
K	+2	+2	+2	+2	+8	+11	+4	+9	+11	−5	−4	+6	+4	+4	+12	+18	+11	+2	−3	−3	−2	−5	−9	−12	−13	−13	−12	−7	−3	−1	
k	+3	+4	0	+6	+12	+12	+19	+10	−7	−11	+3	+6	+4	+8	−1	−7	+3	+2	+4	+2	−1	−2	−3	−5	−10	−16	−17	−15	−10	−6	
L	0	0	−2	+1	+3	+2	+1	−7	−18	+3	+14	+6	+3	+1	+13	+15	−3	0	0	−1	−1	−1	−2	−2	−4	−8	−11	−14	−15	−16	
l	+2	−2	−1	+1	+1	−2	−16	−19	+9	+18	+9	+9	+8	+8	+2	+1	0	−2	−2	−1	−1	−2	−2	−2	−2	−4	−7	−10	−14	−18	
M	+1	+4	+2	+1	+3	+3	+11	+20	+14	+6	+2	+5	+5	+2	+3	+1	+1	−2	−3	−3	−2	−1	0	0	0	−2	−5	−7	−9	−9	
m	0	−1	+2	−2	−5	+6	+11	+7	+2	−6	−11	−8	−2	+2	+1	−7	−8	−2	−3	−3	−2	0	+1	0	+1	+2	0	−4	−8	−8	
N	+1	+1	0	+3	+8	+6	+8	+8	+3	+11	+17	+14	+14	+5	−1	+6	+4	−4	−2	−1	0	−1	−3	−4	−5	−4	0	+2	+3	+1	
n	+2	+2	+2	+4	0	−1	+1	+7	+12	+2	+3	+9	−3	−3	+7	+7	+3	+4	+2	+1	+3	+3	+1	−1	−2	−2	−1	+1	+2	+1	
O	0	+1	−1	−1	+2	+3	+2	+2	+6	+14	+11	−2	−4	+7	+6	0	0	+15	+10	+6	+4	+2	−1	−2	−2	−2	−1	+1	+1	−2	
o	−2	0	+2	0	−1	0	+3	+4	+5	+9	+4	−1	+7	+8	+8	+13	+18	+10	+9	+7	+5	+3	0	0	0	−1	−2	−1	−1	−2	
P	0	−1	0	+1	+1	+2	+1	+1	+3	+3	+4	+8	+14	+13	+12	+13	+5	+6	+8	+9	+7	+4	+1	0	+2	+3	−1	−5	−4	−2	
p	0	0	0	0	+1	+2	+3	+4	+2	+1	+4	+9	+8	−2	+1	+1	+3	+4	+5	+5	+5	+4	+2	+4	+11	+12	+5	−2	−2	0	
Q	0	0	+1	+1	0	+2	+5	+9	+8	+2	+2	+2	+2	+2	+2	+2	+2	+2	+3	+3	+4	+7	+9	+9	+7	+6	+7	+3	−1	0	
q	−3	−1	0	0	0	0	+2	+2	0	−1	+1	+1	+2	+2	+3	+3	+3	+2	+3	+2	+2	+3	+6	+10	+6	+3	+2	0	−1	−1	
R	0	−1	0	+1	+2	−1	−5	−4	−1	+1	+1	+2	+2	+3	+2	+3	+3	+3	+2	+2	+2	+2	+8	+10	+5	+3	+3	+2	−2	−3	
r	0	+1	−1	+1	+3	+2	0	−3	−1	0	+1	+1	+2	+3	+2	+1	+1	+1	+1	+1	+2	+6	+8	+5	+2	+3	+4	+3	+1	+1	
S	−2	0	0	−1	−1	+2	+2	−5	−8	−1	+2	+1	+1	+1	+1	+1	0	0	0	+1	+3	+4	+4	+2	+2	+2	+4	+7	+9	+10	
s																															

Tabelle 4 $2 \frac{\partial \Delta g_F}{\partial Y}$ [mgal km^{-1}]

	1–2	2–3	3–4	4–5	5–6	6–7	7–8	8–9	9–10	10–11	11–12	12–13	13–14	14–15	15–16	16–17	17–18	18–19	19–20	20–21	21–22	22–23	23–24	24–25	25–26	26–27	27–28	28–29	29–30	30–31
A–a	-8	+4	+4	-1	-1	+1	-1	0	-2	-7	+5	-2	-2	-2	0	0	-1	0	+1	+1	+1	+1	+1	+1	+2	+2	+2	+2	+3	+4
a–B	-2	+1	+3	-2	-3	0	0	-2	+1	-7	+2	-3	-1	0	+1	-1	0	0	0	0	0	+1	+1	+1	+2	+2	+1	+1	+3	+4
B–b	+2	0	+2	-2	-3	-2	-1	-1	+3	-8	-2	-2	+1	+2	+3	-3	+1	+2	-1	-1	0	+1	+1	+1	+2	+2	0	0	+4	+4
b–C	+1	+2	0	-2	-1	-2	-3	+1	+1	-4	-4	-2	+1	+2	+2	-1	+4	+5	-4	-3	-1	0	+1	+1	+1	+2	0	0	+2	+3
C–c	0	+1	0	-1	0	+4	-8	0	0	0	-4	-4	0	0	0	+1	+4	+6	-3	-3	-2	0	+1	+1	+1	+1	+1	+1	+1	+2
c–D	+1	0	-1	-2	+1	+6	-7	-4	+2	-1	-2	-3	0	0	0	0	+3	+4	+1	-1	-1	0	0	0	0	+1	+1	+1	+1	+1
D–d	+4	0	0	-6	+3	+3	-4	-4	+3	+4	-8	-3	0	0	0	0	+1	+2	+2	+1	+1	+2	0	-2	-1	+1	+2	+1	+1	+1
d–E	+7	+1	-2	-3	+3	+1	-6	-4	+1	+6	-7	-5	0	0	0	+1	0	0	0	+1	+2	+4	+1	-2	-1	+1	+2	+2	+1	0
E–e	+5	+6	-1	+7	+6	-15	-9	-2	+2	0	-3	-5	0	0	0	+1	0	0	-1	-1	+1	+2	+1	0	0	0	+1	+2	0	+1
e–F	+3	+6	+9	+18	-7	-15	-7	-3	0	-1	-9	-3	0	-1	-1	0	0	0	-1	-1	-1	0	0	0	0	0	0	0	+1	+2
F–f	+2	+4	+18	+16	-19	-4	-2	-5	-1	-2	-10	-3	-1	-2	-2	-1	0	-1	-1	-1	-1	-1	0	0	0	0	-1	0	+1	+2
f–G	+2	+9	+15	+21	-26	+12	-8	+2	-2	-2	-11	-4	-3	-3	-3	-3	-2	-1	-2	-1	-1	-2	0	0	0	0	-2	0	+1	+1
G–g	-5	+12	+13	+26	-34	+29	-10	0	+3	+3	-8	-1	-5	-4	-4	-7	-5	-3	-2	-3	-2	-3	-1	-1	0	0	-2	0	+1	+1
g–H	-2	+8	+19	+21	-22	+16	+3	+2	-2	-2	+5	+1	-20	+6	-8	-12	-10	-6	-4	-4	-4	-3	-3	-1	0	0	-1	0	+2	+2
H–h	+9	+4	+13	+19	-6	+2	+10	+1	-2	-7	+9	+7	-11	0	-10	-16	-15	-9	-5	-3	-4	-4	-4	-4	0	0	-1	0	+2	+2
h–I	+13	0	+8	+11	+7	+4	+8	-6	-1	-1	+4	+15	-4	+2	-11	-20	-19	-14	-9	-1	-2	-4	-5	-9	-6	-1	-1	0	+2	+2
I–i	+14	-6	+9	+12	+12	+7	+6	-5	-2	-3	+11	+11	+6	+2	-2	-26	-21	-16	-11	-2	-2	-3	-6	-11	-13	-5	-2	0	+2	+2
i–K	+13	-9	+7	+17	+14	+7	+5	-2	-2	+1	+22	+3	+4	+4	+6	-19	-19	-14	-9	-4	-3	-4	-7	-12	-16	-12	-5	-1	+1	+2
K–k	+11	-8	+2	+20	+9	+10	+7	-11	+6	+18	+15	+1	0	+5	-2	-7	-10	-7	-6	-5	-1	-3	-6	-10	-16	-16	-9	-4	-1	+1
k–L	+5	-3	+1	+14	+2	+13	+5	-6	+16	+28	-10	+12	-6	+6	-1	-12	-4	-4	-5	-4	0	-1	-3	-8	-12	-14	-11	-8	-6	0
L–l	-1	+2	+1	+6	+4	+12	0	+21	+17	+4	-11	+17	-6	+3	-2	-8	-6	-5	-5	-1	+1	0	-3	-6	-7	-10	-10	-9	-9	-2
l–M	-2	+6	-1	+4	+5	+15	+12	+16	+5	-9	0	+15	+1	-1	-4	-6	-3	-6	-5	-1	+1	0	-2	-6	-6	-6	-7	-7	-6	0
M–m	-1	+6	0	+1	+6	+16	+18	+4	-6	+2	0	+11	+5	-2	+2	-8	-1	-4	-5	-2	+1	+1	-3	-6	-6	-2	-4	-5	-3	+1
m–N	+1	+3	+2	+4	+4	+7	+13	+4	+5	+8	+4	+1	+9	-7	+7	-3	-5	-3	-5	-3	0	-1	-3	-5	-7	0	0	-1	-1	-1
N–n	+4	+1	0	+7	-1	+4	+10	+9	+10	+2	+10	-6	+10	-3	+10	-5	+1	-3	-6	-4	-1	-1	-2	-5	-7	-2	-1	0	+1	0
n–O	+2	+2	0	+3	+1	+5	+6	+7	+13	+2	+3	-2	+19	-2	+5	-6	+7	-2	-5	-5	-2	0	0	-4	-6	-4	-3	-2	+1	+2
O–o	+1	+3	+1	+1	+3	+4	+5	+2	+8	+10	-4	+12	+20	-14	+6	-1	+7	+1	-1	-4	-2	+3	+2	-3	-6	-4	-5	-4	+2	+4
o–P	+1	0	+4	+1	+2	+3	+4	+3	+2	+5	+9	+16	+9	-14	+7	-1	+3	+4	+2	-1	-1	+6	+4	-3	-6	-3	-5	-7	+5	+5
P–p	+2	-2	+3	+2	+2	0	+4	+2	0	+3	+16	+10	+2	-7	0	0	+2	+3	+2	0	+1	+9	+7	-4	-8	-1	-2	-7	+4	+4
p–Q	+1	-1	+2	+2	0	0	+4	+1	+1	+2	+12	+4	+2	-2	-1	0	+1	+2	+1	0	+3	+11	+11	-8	-13	+3	+5	-4	+1	+4
Q–q	0	0	0	+4	-2	0	0	+1	+5	+3	+9	+3	+5	0	-1	-1	0	+1	0	0	+2	+9	+13	-13	-12	+4	+10	+2	-1	+3
q–R	+1	-1	0	+3	-1	-4	-1	-4	+11	+4	+6	+4	+4	0	0	+1	+1	0	0	0	+2	+6	+10	-14	-6	+2	+11	+6	-1	+2
R–r	0	-1	-2	+2	0	-1	-2	-3	+11	+4	+5	+4	+2	0	0	0	+1	+1	0	0	+2	+4	+2	-11	-2	+2	+12	+9	+1	+2
r–S	-1	0	-2	+1	-2	+4	0	-3	+6	+5	+3	+4	+1	+1	0	0	+1	+1	0	0	+1	+2	-3	-4	0	+2	+12	+12	+5	0
S–s	-4	-2	+1	0	-4	+3	+4	+3	+2	+1	+4	+4	+1	+1	+1	+1	+1	+1	0	-1	-1	-1	-2	-1	0	0	+10	+12	+5	-2

ist in Bild 7 durch eine besondere Umrandung kenntlich gemacht. Ganz analog, wie aus dem Verlauf der Linien $\xi_\sigma = \text{const}$ und $\eta_\sigma = \text{const}$ die Größen $\frac{\partial \xi_{\sigma *}}{\partial X}$ und $\frac{\partial \eta_{\sigma *}}{\partial Y}$ gefunden wurden, ergeben sich die beiden Größen

$$\frac{\partial \Delta g_F}{\partial X} \quad \text{und} \quad \frac{\partial \Delta g_F}{\partial Y}$$

mit Benutzung des quadratischen Gitters (vgl. Bild 4) aus dem Verlauf der Isanomalen ($\Delta g_F = \text{const}$), wie er in Bild 7 dargestellt ist. Die erhaltenen Werte für die Komponenten des Horizontalgradienten der Freiluftanomalien sind in den Tabellen 3 und 4 dargestellt.

Es ist nun eine leichte Aufgabe, die drei Integrale für Ψ_1, Ψ_2 und Ψ_3 für den Bereich $0 \leq r \leq 25$ km, nämlich Ψ_1^*, Ψ_2^*, Ψ_3^*, zu berechnen.

Wir benutzen zu diesem Zweck folgende Gleichungen

$$\Psi_1 = -\frac{1}{2\pi} \sum \sum \overline{\left(\frac{\partial \xi_{\sigma *}}{\partial X} + \frac{\partial \eta_{\sigma *}}{\partial Y}\right)} \cos \bar{\alpha}\, \bar{\zeta}\, \Delta r\, \Delta \alpha\,, \tag{6}$$

$$\Psi_2 = \frac{1}{2\pi G} \sum \sum \overline{\frac{\partial \Delta g_F}{\partial X}} \left(1 - \frac{3}{2} \sin^2 \bar{\alpha}\right) \bar{\zeta}^2\, \Delta r\, \Delta \alpha\,, \tag{7}$$

$$\Psi_3 = \frac{3}{8\pi G} \sum \sum \overline{\frac{\partial \Delta g_F}{\partial Y}} \sin^2 \bar{\alpha}\, \bar{\zeta}^2\, \Delta r\, \Delta \alpha\,. \tag{8}$$

Die Indizierung durch einen Querstrich bedeutet in den vorstehenden 3 Gleichungen die über das gesamte Kompartiment erstreckte Mittelbildung.

Die Öffnungswinkel $\Delta\alpha$ der Sektoren sind in der Gleichung (6) gleich 30°, in den Gleichungen (7) und (8) gleich 15°. Wir erhielten

$$\left.\begin{aligned} \Psi_1^* &= -0{,}''31\,, \\ \Psi_2^* &= -0{,}''12\,, \\ \Psi_3^* &= -0{,}''06\,. \end{aligned}\right\} \tag{9}$$

Die Integration über den von dem Kreis mit dem Radius $r = 25$ km und dem Rand des quadratischen Gitters (Bild 4) begrenzten Bereich liefert die Werte Ψ_1^{**}, Ψ_2^{**}, Ψ_3^{**}. Man erhält leicht aus den Gleichungen (2), (3), (4):

$$\Psi_1^{**} = -\frac{1}{2\pi} \sum \overline{\left(\frac{\partial \xi_{\sigma *}}{\partial X} + \frac{\partial \eta_{\sigma *}}{\partial Y}\right)} \frac{1}{r_s} \cos \alpha_s\, \zeta_s\, \Delta F\,, \tag{10}$$

$$\Psi_2^{**} = \frac{1}{2\pi G} \sum \overline{\frac{\partial \Delta g_F}{\partial X}} \frac{1}{r_s} \left(1 - \frac{3}{2} \sin^2 \alpha_s\right) \zeta_s^2\, \Delta F\,, \tag{11}$$

$$\Psi_3^{**} = \frac{3}{8\pi G} \sum \overline{\frac{\partial \Delta g_F}{\partial Y}} \frac{1}{r_s} \sin 2\, \alpha_s \zeta_s^2\, \Delta F\,. \tag{12}$$

Die einzelnen Kompartimente mit den Flächengrößen ΔF werden bei der Integration nach (10) bzw. (11), (12) durch den Rand des quadratischen Gitters und durch die Linien $r = 25$ km und $\alpha = 0°, 30°$; $\alpha = 30°, 60°$; ... ; $\alpha = 330°, 360°$; bzw. $\alpha = 0°, 15°$; $\alpha = 15°, 30°$; $\alpha = 30°, 45°$; ... ; $\alpha = 330°, 345°$; $\alpha = 345°, 360°$ begrenzt. Die Größen r_s, α_s, ζ_s sind die für den Schwerpunkt des jeweiligen Kompartiments genommenen Werte. Die numerische Integration liefert

$$\Psi_1^{**} = -0{,}''02\,, \tag{13}$$

$$\Psi_2^{**} = +0{,}''00\,, \tag{14}$$

$$\Psi_3^{**} = +0{,}''00\,. \tag{15}$$

Schließlich wollen wir noch den Einfluß des außerhalb des quadratischen Gitters gelegenen Integrationsbereiches abschätzen.

Zu diesem Zweck integrieren wir über die in Bild 8 dargestellten Flächenstücke ω_i, $i = 1, 2, \ldots, 8$. Diese umgeben das quadratische Gitter, über das wir bereits integriert haben.

Bei der Integration über die Flächenstücke ω_i nehmen wir die Integranden innerhalb eines einzelnen Flächenstückes ω_i als konstant an. Wir gehen also mit den für die Schwerpunkte des Flächenstückes ω_i genommenen Werten in die Integrale ein. Die Auswertung erfolgte somit nach Formeln, die von der gleichen Form sind, wie die Gleichungen (10), (11), (12).

Die Werte $\xi_{\sigma *}$ und $\eta_{\sigma *}$ wurden den von H. Wolf [5] (Anlagen 2, 4) zusammengestellten Karten über den Verlauf der Lotabweichungen im mittleren Europa entnommen. Die Freiluftanomalien Δg_F wurden aus der Karte der Bouguer-Anomalien von Gerke [4] erhalten.

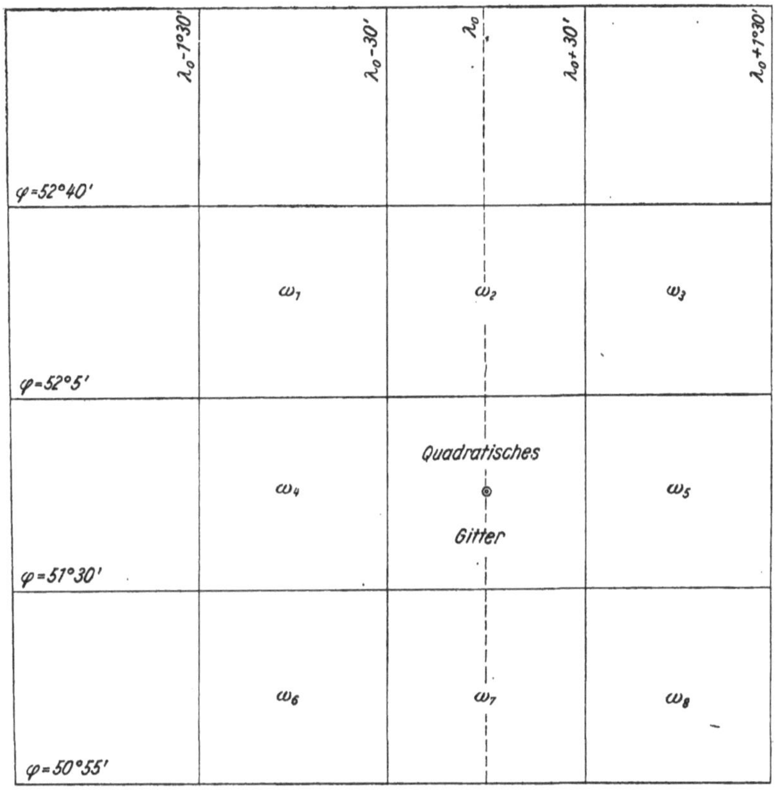

Bild 8

Aus den Breiten-Stationen bzw. Azimut-, Längen- und Laplace-Stationen [5], Anlagen 2 und 4, erhielten wir

$$\Psi_1^{***} = 0\overset{\prime\prime}{.}0010\,. \tag{16}$$

Ferner ergab sich

$$\Psi_2^{***} = -0\overset{\prime\prime}{.}000\,1\,, \tag{17}$$

$$\Psi_3^{***} = -0\overset{\prime\prime}{.}000\,01\,. \tag{18}$$

Also

$$\sum_{i=1}^{3} \Psi_i^{***} = +0\overset{\prime\prime}{.}000\,9\,.$$

Und schließlich

$$\Delta\xi = \sum_{i=1}^{3} (\Psi_i^{*} + \Psi_i^{**} + \Psi_i^{***}) = -0\overset{\prime\prime}{.}51\,. \tag{19}$$

Die Integration über den außerhalb des quadratischen Gitters gelegenen Bereich braucht also nicht ausgeführt zu werden.

Im Laufe der vorstehend erläuterten Rechnungen zeigte es sich, daß es ohne Schaden für die Genauigkeit des Ergebnisses und mit vorteilhafter Verminderung des Arbeitsaufwandes angängig gewesen wäre, die Maschenweite des quadratischen Gitters zweimal oder dreimal so groß zu wählen.

B

Ferner wollen wir einen zweiten in [1] Gleichung (156) aufgezeigten Weg zur Berechnung von Ψ_1 betrachten. Dabei wird die im Integranden von Ψ_1 auftretende Größe $2\,H$ nicht aus astronomisch-geodätischen Lotabweichungen, sondern allein aus Freiluftanomalien bestimmt:

$$2\,H \cong -\frac{\varrho''}{2\,\pi\,G\,R}\int\limits_0^{2\pi} d\alpha \int\limits_{\vartheta=\vartheta_0}^{\pi} \Delta g_F \frac{1}{\vartheta^2}\,d\vartheta +$$

$$+\frac{\varrho''}{\vartheta_0\,R\,G}\,\Delta g_F - \frac{\varrho''\,\vartheta_0\,R}{2\,G}\left[\frac{\partial^2 \Delta g_F}{\partial X^2} + \frac{\partial^2 \Delta g_F}{\partial Y^2}\right] = A + B + C\,. \qquad (20)$$

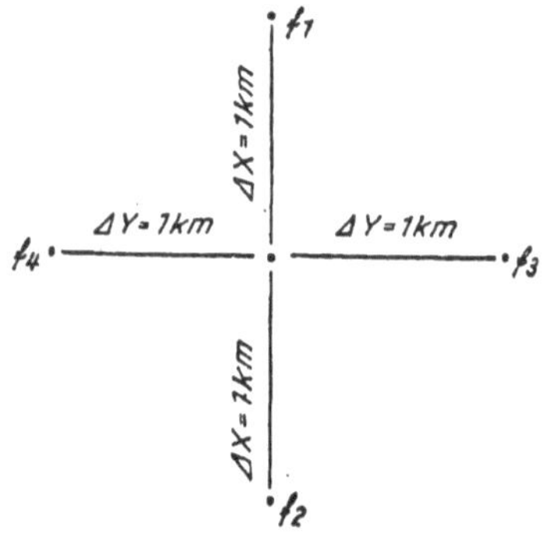

Bild 9

Man findet leicht

$$A = k\int\limits_{\vartheta_0}^{\vartheta'} \overline{\Delta g_F}(\vartheta)\,\frac{1}{\vartheta^2}\,d\vartheta\,. \qquad (21)$$

$\overline{\Delta g_F}$ wird als das über 16 gleichmäßig verteilte Punkte eines Kreisringes erstreckte arithmetische Mittel errechnet. Wir wählen $R \cdot \vartheta_0 = 1$ km und als Grenzen für die Kreisringe $\vartheta = \text{const}$:

$$R \cdot \vartheta = 1,\ 2,\ 3,\ 4,\ 6,\ 8,\ 10,\ 13,\ 16,\ 20,\ 25,\ 30,\ 35,\ 40\ \text{km}\,.$$

Das über das Gebiet $R \cdot \vartheta > 40$ km erstreckte Integral für Ψ_1 kann meistens vernachlässigt werden. ϑ' sollte andererseits nicht kleiner als $\frac{40\ \text{km}}{R}$ gewählt werden (vgl. [6], [7]).

Der in der Formel für die Größe C erscheinende Wert des zweidimensionalen LAPLACE-Operators wurde folgendermaßen errechnet:

Mit Bild 9 findet man ohne weiteres

$$\frac{\partial^2 f}{\partial x^2} + \frac{\partial^2 f}{\partial y^2} = (f_1 - f_0) - (f_0 - f_2) + (f_3 - f_0) - (f_0 - f_4)\,, \qquad (22)$$

wenn man 1 km als Längenheit einführt.

Wir erhielten für den gewählten Aufpunkt

$$\left.\begin{aligned} A &= -13{,}54\,,\\ B &= +13{,}56\,,\\ C &= -0{,}30\,. \end{aligned}\right\} \qquad (23)$$

Die bei diesen Rechnungen benötigten Werte müssen einer Kompatibilitätsbedingung genügen. Es ist nämlich

$$\iint \operatorname{div} \mathfrak{v}\, dv = \int \mathfrak{v} \cdot \mathfrak{n}^0 \cdot d\sigma$$

und mit

$$\mathfrak{v} = \nabla(\Delta g_F),$$

$$\iint \nabla^2(\Delta g_F)\, dv = \int \nabla(\Delta g_F)\, \mathfrak{n}^0\, d\sigma \cong \int \frac{\partial \Delta g_F}{\partial \nu}\, d\sigma,$$

wenn $d\nu$ das Linienelement der „nach außen" zeigenden Normalen der Randkurve ist.

Für einen genügend kleinen kreisförmigen Bereich mit dem Radius r_0 erhalten wir

$$\left[\frac{\partial^2 \Delta g_F}{\partial X^2} + \frac{\partial^2 \Delta g_F}{\partial Y^2}\right]_{P_1} = \lim_{r_0 \to 0} \frac{4}{r_0^2} [(\overline{\Delta g_F})_{r_0} - (\Delta g_F)_{P_1}]. \tag{24}$$

$(\overline{\Delta g_F})_{r_0}$ ist der entlang der Peripherie des Kreises mit dem Radius r_0 genommene arithmetische Mittelwert für Δg_F. Mit $r_0 = 1{,}5$ km fanden wir für den Punkt $(N, n; 26, 27)$ die Werte $(\overline{\Delta g_F})_{r_0} = 66{,}0$ mgal und $(\Delta g_F)_{P_1} = 64{,}5$ mgal und daraus

$$\frac{\partial^2 \Delta g_F}{\partial X^2} + \frac{\partial^2 \Delta g_F}{\partial Y^2} = +2{,}66 \text{ mgal km}^{-2}$$

und schließlich nach (20) und (24)

$$C = -0{,}27\,.$$

Nach (20) und (22) ergab sich, vgl. (23),

$$C = -0{,}30$$

in genügender Übereinstimmung.

Schließlich wird mit (20)

$$2\,H = -0{,}''26\ [1''\ \text{km}^{-1}]\,.$$

Aus den astronomisch-geodätischen Lotabweichungen erhielten wir

$$+0{,}''03\,.$$

Die Differenz ist 0,''29 und liegt innerhalb der Beobachtungsgenauigkeit, wobei die bei der Entnahme von ξ_σ und η_σ begangenen Interpolationsfehler zu berücksichtigen sind. Wir haben ferner in dem Teilgebiet

$$51°30' \leq \varphi \leq 52°5',$$

$$10' \leq l \leq 30'$$

des quadratischen Gitters für 114 gleichmäßig verteilte Punkte die Gleichung (20) ausgewertet. Im Anschluß war es möglich, in dem genannten Teilgebiet das Integral

$$\delta\Psi_1 = -\frac{1}{2\pi} \iint \delta \triangle N \cos\alpha\, \zeta\, dr\, d\alpha \tag{25}$$

mit

$$\delta \triangle N = 2\,H_{\text{astronomisch-geodätisch}} - 2\,H_{\text{gravimetrisch}}\,. \tag{26}$$

zu berechnen. Es ergab sich

$$\delta\Psi_1 = -0{,}''008 \cong 0\,.$$

Wir wollen noch die Werte der $\delta \triangle N$ für einige Punkte angeben. Dazu wählen wir den zum Parallelkreis $\varphi = 51°40'$ benachbarten Streifen, weil hier das System der astronomisch-geodätischen Lotabweichungen am genauesten ist (Bild 6). Es ergab sich für die Mittelpunkte der einzeln aufgezählten Maschen des quadratischen Gitters:

	$\delta \triangle N$		$\delta \triangle N$
N, n; 21,22	+ 0,″15	n, 0; 21,22	+ 0,″17
; 23,24	+ 0,64	; 23,24	+ 0,41
; 25,26	+ 0,07	; 25,26	+ 0,09
; 26,27	— 0,31	; 26,27	+ 0,16
; 28,29	+ 0,80	; 28,29	+ 0,05
; 30,31	+ 1,23	; 30,31	+ 0,46

Die Differenzen $\delta \triangle N$ sind sowohl dem astronomisch-geodätischen Lotabweichungssystem als auch den gravimetrischen Bestimmungen nach Gleichung (20) zur Last zu legen.

C

Schließlich haben wir die Integrale (2), (3), (4) nicht nur für den Brocken als Aufpunkt berechnet, sondern auch für einen zweiten Punkt. Dieser liegt genau 12 km nördlich vom Brocken am Fuße des Nordhanges des Harzes (also zwischen Bad Harzburg und Ilsenburg).

Für diesen zweiten Aufpunkt erhielten wir

$$\Psi_1 + \Psi_2 + \Psi_3 = -0{,}''01\,.$$

Die in [1] Gleichung (156) auftretenden Glieder

$$\frac{\partial}{\partial X}\left(\underset{\xi}{KG}\right) \quad \text{und} \quad \frac{\partial}{\partial Y}\left(\underset{\eta}{KG}\right) \tag{27}$$

werden also gleich

$$\frac{\left(\sum_1^3 \Psi_i\right)_{\text{Brocken}} - \left(\sum_1^3 \Psi_i\right)_{\text{Bad Harzburg-Ilsenburg}}}{12\ \text{km}}$$

sein. Also kleiner als 0,″04.

Die Glieder (27) können wir daher in [1] (156) vernachlässigen.

Literaturverzeichnis

[1] ARNOLD, K.: Strenge Theorie der absoluten Lotabweichungen als Funktionen der Freiluftanomalien der Schwere. Veröff. des Geod. Inst. Potsdam (Dt. Akademie d. Wiss. Berlin) Nr. **13**, 1959.

[2] GALLE, A.: Das Geoid im Harz. Veröff. des Kgl. Preuß. Geod. Inst. Potsdam, Neue Folge, Nr. **61**, 1914.

[3] GALLE, A.: Lotabweichungen im Harz und in seiner weiteren Umgebung. Veröff. des Kgl. Preuß. Geod. Inst. Potsdam, Neue Folge, Nr. **36**, 1908.

[4] GERKE, K.: Die Karte der Bouguer-Isanomalen 1:1000000 von Westdeutschland. Deutsche Geodätische Kommission (Bayerische Akad. d. Wiss.), Reihe B, Heft **46**, Teil I, 1957.

[5] WOLF, H.: Astronomisch-geodätische Lotabweichungen im mittleren Europa. Deutsche Geodätische Kommission (Bayerische Akad. d. Wiss.), Reihe B, Heft **39**, 1957.

[6] HOFMANN, W.: Über Anwendungen einer Formel zur Berechnung des Vertikalgradienten der Schwere. Geofisica pura e applicata **14**, Nr. 3—4, 154—161, 1949.

[7] BALDWADSE, B. K.: Zur Frage der Errechnung des Vertikalgradienten der Schwerkraft. Nachr. d. Akad. d. Wiss. d. UdSSR, Serie Geophysik, Nr. **5**, 1955.

Die Korrektionen für die gravimetrischen Lotabweichungen in auf der Insel Zypern gelegenen Aufpunkten

Im Bereich der Insel Zypern hat man bekanntlich bemerkenswert starke Schwereanomalien gefunden, die natürlich von entsprechend starken Lotabweichungen begleitet sind, [1] bis [5]. So ist es recht interessant, die Korrektionsgrößen für die gravimetischen Lotabweichungen für auf der Insel Zypern gelegene Punkte zu berechnen. Wie aus [5] ersichtlich ist, hat dort die Größe (Anomalie der mittleren Krümmung des Geoids)

$$\frac{\partial \xi_\sigma}{\partial X} + \frac{\partial \eta_\sigma}{\partial Y}$$

einen erheblichen Betrag. An 6 Küstenstationen ergab sich für die astronomisch-geodätischen Lotabweichungen

		ξ	η
Famagusta	Fa	— 11″	+ 6″
Kyrenia	Ky	+ 18	+ 4
Limassol	Li	— 46	+ 3
Paphos	Pa	— 37	— 20
Karavostasi	Ka	+ 11	— 1
Morphou Bay	M	+ 11	— 10

Bild 10 zeigt die Lage dieser 6 Stationen und den Verlauf der Höhenschichtlinien.

Für die Bestimmung der Korrektionen wählen wir zur Vereinfachung der Rechnung einen repräsentativen Mittelwert der Funktion

$$\frac{\partial \xi_\sigma}{\partial X} + \frac{\partial \eta_\sigma}{\partial Y},$$

genommen als Mittelwert für den Bereich des mehr in der westlichen Hälfte der Insel gelegenen Gebirges.

Aus ξ_{Ka} und ξ_{Li} erhalten wir

$$\frac{\partial \xi}{\partial X} = +1\overset{\prime\prime}{,}0 \; [1'' \, \mathrm{km}^{-1}] .$$

$\frac{\partial \eta}{\partial Y}$ bestimmen wir als gewogenes Mittel von 5 Differenzenquotienten $\frac{\Delta \eta}{\Delta Y}$.

Nämlich aus

$$\eta_{\mathrm{Ka}} - \eta_{\mathrm{Pa}} \quad \text{Gewicht:} \; p = 1 ,$$

$$\eta_{\mathrm{Li}} - \eta_{\mathrm{Pa}} \quad p = 1 ,$$

$$\eta_{\mathrm{Ky}} - \eta_{\mathrm{Ka}} \quad p = \frac{1}{2} ,$$

$$\eta_{\mathrm{Fa}} - \eta_{\mathrm{Ka}} \quad p = \frac{1}{2} ,$$

$$\eta_{\mathrm{Fa}} - \eta_{\mathrm{Li}} \quad p = \frac{1}{2} .$$

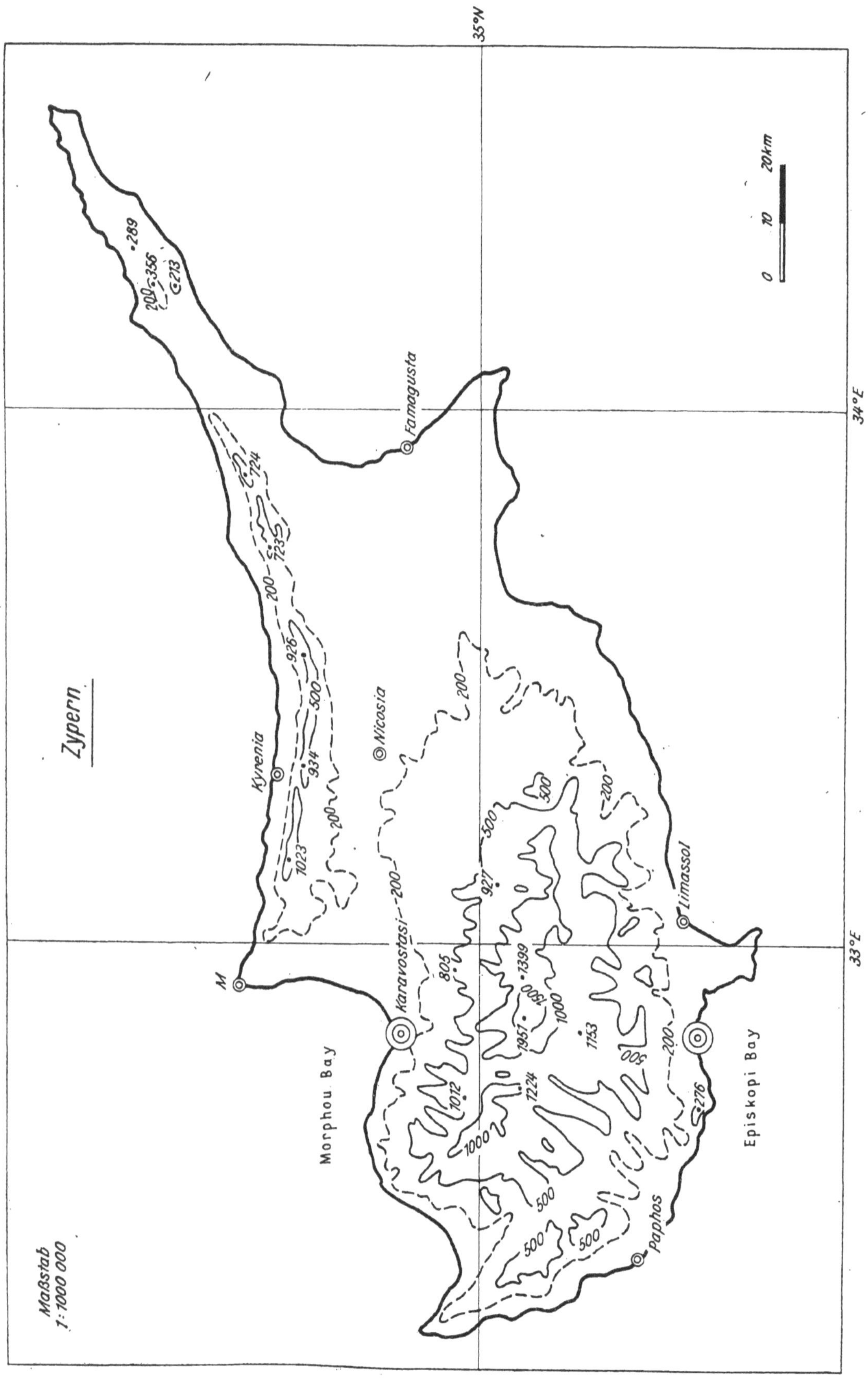

Bild 10. Höhenlinien auf der Insel Zypern

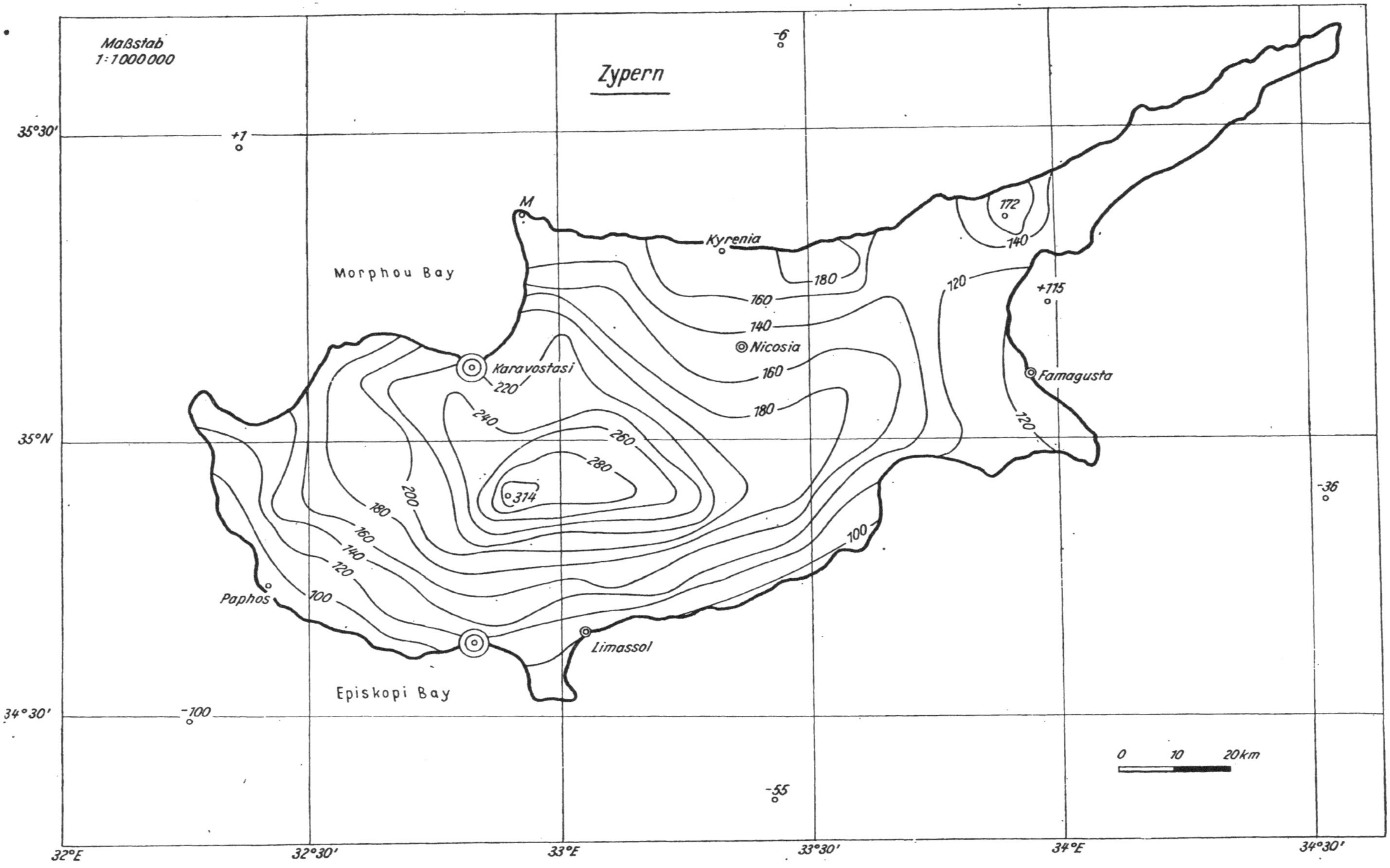

Bild 11. Freiluftanomalien auf der Insel Zypern

Das aus diesen 5 Differenzenquotienten resultierende gewogene Mittel ist

$$\frac{\partial \eta}{\partial Y} = +\, 0{,}''3\,.$$

Aus den astronomisch-geodätischen Lotabweichungen folgt also

$$\frac{\partial \xi}{\partial X} + \frac{\partial \eta}{\partial Y} = +\, 1{,}''3\ [1''\ \mathrm{km}^{-1}]\,.$$

Diese Funktion wurde auch mittels Freiluftanomalien Δg_F untersucht (Bild 11 und 12).

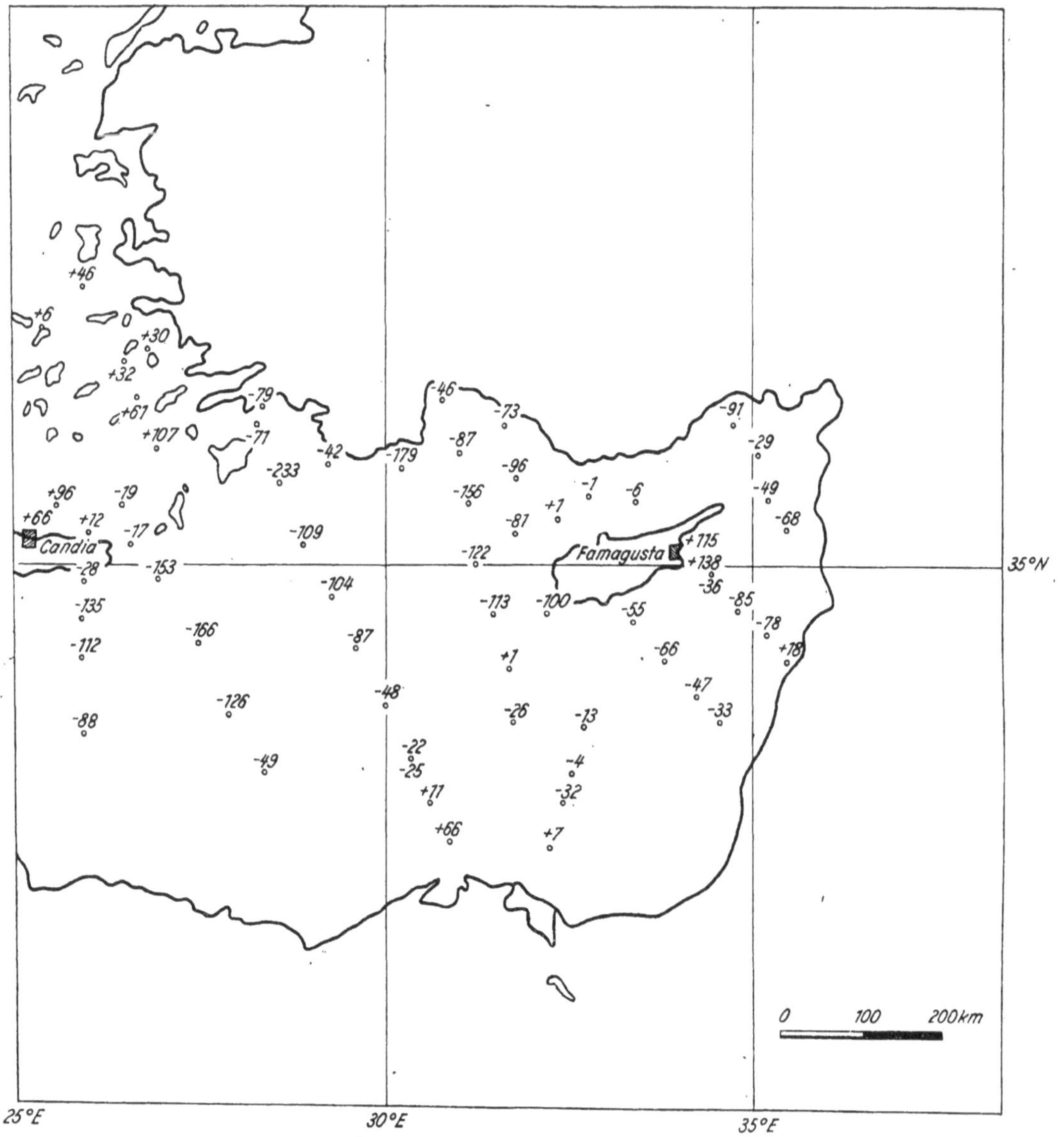

Bild. 12. Freiluftanomalien im östlichen Mittelmeer

Als Maximalwert ergab sich für einen Punkt, der etwa halbwegs zwischen Karavostasi und Limassol liegt und damit gleichzeitig etwa in das Maximum der Freiluftanomalien fällt:

$$\left[\frac{\partial \xi}{\partial X} + \frac{\partial \eta}{\partial Y}\right]_{\max} = +\, 2{,}''7\ [1''\ \mathrm{km}^{-1}]\,.$$

Als untere Grenze der Funktion ergab sich für einen im Meridian von Karavostasi an der Südküste, also an der Episkopi Bay, gelegenen Punkt aus Freiluftanomalien

$$\left[\frac{\partial \xi}{\partial X} + \frac{\partial \eta}{\partial Y}\right]'_{\min} = 1{,}''1 .$$

Aus Freiluftanomalien ergibt sich also der Mittelwert $+1{,}''9$. Mittelt man die Ergebnisse aus astronomisch-geodätischen Lotabweichungen und aus Freiluftanomalien, so folgt

$$\overline{\frac{\partial \xi}{\partial X} + \frac{\partial \eta}{\partial Y}} = 1{,}''6 .$$

Wir berechnen nun wieder die Korrektionen für die Lotabweichungen im Meridian und wollen uns jetzt der Formeln [6] (144) bedienen. Wir wollen diese Formeln für den an der Nordküste gelegenen Punkt Karavostasi und für einen im gleichen Meridian aber an der Südküste gelegenen Punkt spezialisieren.

Das erste Glied in [6] (144) kann man allenfalls vernachlässigen. Bei den vorliegenden beiden Spezialisierungen zeigt es sich ferner, daß das dritte und vierte Glied unterhalb von $0{,}''01$ bleiben. Also

$$\Delta \xi \cong -\frac{1}{2\pi}\left[\overline{\frac{\partial \xi_a}{\partial X} + \frac{\partial \eta_a}{\partial Y}}\right] \iint \zeta \,(X^2 + Y^2)^{-1} X \,dX \,dY .$$

Zum Zwecke der Durchführung dieser numerischen Integrationen überdecken wir die Umgebung des nördlichen und des südlichen Punktes mit einem nach dem Meridian orientierten quadratischen Gitter mit der Maschenweite gleich 8 km. Tabelle 5 zeigt die Werte des Integranden

$$\zeta \,(X^2 + Y^2)^{-1} X \,dX \,dY$$

für den nördlichen, Tabelle 6 für den südlichen Punkt.

Die Summe der in den Tabellen 5 bzw. 6 dargestellten Werte ist gleich dem Integral für den an der Nord- bzw. Südküste gelegenen Aufpunkt.

$$\iint \zeta \,(X^2 + Y^2)^{-1} X \,dX \,dY = \begin{cases} -\,2{,}49 \text{ nördl. Punkt}, \\ +\,2{,}14 \text{ südl. Punkt}. \end{cases}$$

So erhalten wir schließlich

$$\Delta \xi \doteq \begin{cases} +\,0{,}''6 \text{ nördlicher Punkt}, \\ -\,0{,}''6 \text{ südlicher Punkt}. \end{cases}$$

Die Differenz der gravimetrischen Lotabweichungen in den beiden Punkten ist also um etwa $1{,}''2$ zu korrigieren.

Tabelle 5

0	0	0	0	0	+ 0,01	+ 0,01	0	0
0	0	0	0	0	+ 0,01	+ 0,01	+ 0,01	0
0	+ 0,01	+ 0,02	+ 0,08	+ 0,04	+ 0,01	+ 0,01	0	0
0	— 0,02	— 0,06	— 0,30	— 0,23	— 0,02	— 0,01	0	0
— 0,01	— 0,05	— 0,12	— 0,20	— 0,20	— 0,08	— 0,03	— 0,01	— 0,01
— 0,01	— 0,04	— 0,09	— 0,16	— 0,18	— 0,14	— 0,04	— 0,02	— 0,01
— 0,01	— 0,02	— 0,04	— 0,12	— 0,10	— 0,06	— 0,04	— 0,02	— 0,01
— 0,01	— 0,01	— 0,02	— 0,04	— 0,02	— 0,02	— 0,02	— 0,01	— 0,01
0	— 0,01	— 0,02	— 0,02	— 0,02	— 0,01	— 0,01	0	0

Tabelle 6

0	0	+ 0,01	+ 0,01	+ 0,01	+ 0,01	0	0	0	0	0
0	+ 0,01	+ 0,02	+ 0,02	+ 0,02	+ 0,02	+ 0,01	+ 0,01	+0,01	+ 0,01	0
+ 0,01	+ 0,01	+ 0,02	+ 0,03	+ 0,06	+ 0,06	+ 0,04	+ 0,02	+ 0,02	+ 0,01	+ 0,01
+ 0,01	+ 0,01	+ 0,02	+ 0,04	+ 0,09	+ 0,10	+ 0,06	+ 0,04	+ 0,02	+ 0,01	+ 0,01
+ 0,01	+ 0,01	+ 0,02	+ 0,05	+ 0,10	+ 0,06	+ 0,06	+ 0,03	+ 0,01	+ 0,01	0
0	+ 0,01	+ 0,02	+ 0,06	+ 0,16	+ 0,15	+ 0,06	+ 0,02	+ 0,01	0	0
0	0	0	+ 0,01	+ 0,22	+ 0,18	+ 0,01	0	0	0	0

Literaturverzeichnis

[1] DE GRAAFF-HUNTER: Rapport sur les déviations de la verticale. S. 12. Travaux de l'association internationale de géodésie. Rapports généraux. Tome 16. Washington 1939.

[2] MACE, C.: Gravity measurements in Cyprus. Monthly Notices, Royal Astr. Soc. Geophys. Suppl., Vol. 4, Nr. 7, 473—480, 1939.

[3] COOPER, R. I. B., HARRISON, J. C., and WILLMORE, P. L.: Gravity measurements in the eastern mediterranean. Phil. Trans. Roy. Soc., A, Vol. **244**, Nr. 889, 533—559, 1952.

[4] HARRISON, J. C.: An interpretation of gravity anomalies in the eastern mediterranean. Phil. Trans. Roy. Soc., A, Vol. **248**, Nr. 947, 283—325, 1955.

[5] HARRISON, J. C., and JACKSON, J. E.: Plumbline deflections in Cyprus. Bull. géod. **1957**, Nr. 45, 35—37.

[6] ARNOLD, K.: Strenge Theorie der gravimetrischen Lotabweichungen als Funktionen der Freiluftanomalien der Schwere. Veröff. des Geod. Inst. Potsdam (Dt. Akad. d. Wiss. Berlin) Nr. **13**, 1959.

Geoidundulationen an einem Geländemodell

A

Die in [1] angegebenen strengen Formeln zur Bestimmung der gravimetrischen Geoidundulationen aus Freiluftanomalien der Schwere sollen jetzt auf ein gegebenes Geländemodell mit gegebener Massenverteilung angewendet werden.

Damit ergibt sich eine Probe für die Richtigkeit der in [1], S. 44 bis 47, erzielten Formeln. Außerdem dienen wir damit der Veranschaulichung des Rechnungsganges und ferner erhalten wir eine ungefähre Vorstellung von der Größenordnung der zu erwartenden Werte der Korrektionsglieder

$$\Phi_i^\circ \quad \text{und} \quad \Phi_i^{\circ\circ}, \quad i = 1, 2, \ldots, 6.$$

Wir wählen das in Bild 13 dargestellte Geländemodell. Die große Kugel K_1 mit dem Radius $R_1 = 6370$ km hat etwa dieselbe Gravitationswirkung wie die Erde; an der Oberfläche der Kugel K_1 sei die allein durch die Massen der Kugel K_1 erzeugte Gravitationswirkung konstant gleich 981 000 mgal. Über die natürlich kugelsymmetrischen Charakter tragende Dichteverteilung ϱ_1 in der Kugel K_1 braucht keine weitere Voraussetzung gemacht zu werden. Die zusätzliche Kugel K_3 mit dem Radius $R_3 = 30$ km und der Dichte $\varrho_3 = 0{,}1$ gcm^{-3} verursacht die Schwereanomalien und Geoidundulationen. Der Mittelpunkt der Kugel K_3 liege 28,5 km unterhalb der Oberfläche der Kugel K_1. Die höchste „Geländeerhebung" ist folglich gleich 1,5 km. In solchen Punkten, die den beiden Kugeln K_1 und K_3 gemeinsam sind, addieren sich die beiden Dichten ϱ_1 und ϱ_3. Das Geländemodell unterliege keiner Rotation ($\omega = 0$).

Es gilt nun, die Geoidundulation im Aufpunkt P_2 aus der Schwereintensität an der Oberfläche des Modells zu berechnen und mit dem entsprechenden Wert zu vergleichen, der sich aus der gegebenen Massenverteilung an dem gegebenen Geländemodell ergibt.

Zunächst bemerken wir, daß die Verteilung der Schwereanomalien, der Geoidundulationen und der topographischen Verhältnisse um den Aufpunkt P_2 herum rotationssymmetrisch ist. Die genannten 3 Funktionen sind nur von der Entfernung ϑ_1 vom Aufpunkt P_2 abhängig.

Die Geoidundulation im Aufpunkt P_2 ergibt sich also nach folgender Formel [1], S. 44 bis 47, wenn wir noch eine kleine Umformung vornehmen:

$$N_{\varepsilon_0} = \frac{R_1}{4\pi\gamma_\sigma} \int\limits_{\lambda=0}^{2\pi} d\lambda \int\limits_{\vartheta_1=0}^{\pi} [\Delta g_F + \Theta_\sigma G \operatorname{tg}(\gamma, n) \cos(\alpha - A)]\, S_T(\vartheta_1) \sin\vartheta_1\, d\vartheta_1 + $$
$$+ \sum_{i=1}^{6} \Phi_i^\circ(N_{\sigma\cdot 1}) + \sum_{i=1}^{6} \Phi_i^{\circ\circ}(N_{\sigma\cdot 1}) + \frac{\bar{g} - \bar{\gamma}}{G} h_0 - \frac{h_0}{R_1} N_{\sigma\cdot 1} \tag{1}$$

mit

$$\Delta g_F = g_\sigma - \gamma_{\varepsilon_0} + 2\,c\,\overline{H}_\gamma, \tag{2}$$

$$\sum_{i=1}^{6} \Phi_i^\circ = \frac{1}{2\pi} \sum_i [N_\sigma \zeta]_{r=1000\,\text{km}} (\lambda_{i+1} - \lambda_i) - \frac{1}{2\pi} \sum_i \sum_k \zeta\,(N_{\sigma_{k+1}} - N_{\sigma_k})\,(\lambda_{i+1} - \lambda_i) -$$
$$- \frac{1}{4\pi} \sum_i \sum_k \left(\frac{\Delta g_F}{G} + \frac{5\,N_\sigma}{2\,R_1}\right) \zeta^2\,(r_{k+1} - r_k)\,(\lambda_{i+1} - \lambda_i) +$$
$$+ \frac{1}{4\pi R_1} \sum_i \sum_k \left(3\,\frac{\Delta g_F}{G} + 5\,\frac{N_\sigma}{R_1}\right) h\,(r_{k+1} - r_k)\,(\lambda_{i+1} - \lambda_i), \tag{3}$$

$$\sum_{i=1}^{6} \Phi_i^{\circ\circ} = \frac{1}{8\,\pi\,R_1^2} \sum_i \sum_k \left[3\,\frac{\Delta g_F}{G} + 5\,\frac{N_\sigma}{R_1} \right] \frac{h}{\sin\frac{\vartheta_1}{2}}\,\Delta\varkappa -$$

$$- \frac{1}{8\,\pi\,R_1^2} \sum_i \sum_k N_\sigma \frac{\cos\frac{\vartheta_1}{2}}{\sin^2\frac{\vartheta_1}{2}} \left(\frac{h}{2\,R_1} \operatorname{cotg}\frac{\vartheta_1}{2} + \nu_x \cos\bar{\alpha} + \nu_y \sin\bar{\alpha} \right) \Delta\varkappa \qquad (4)$$

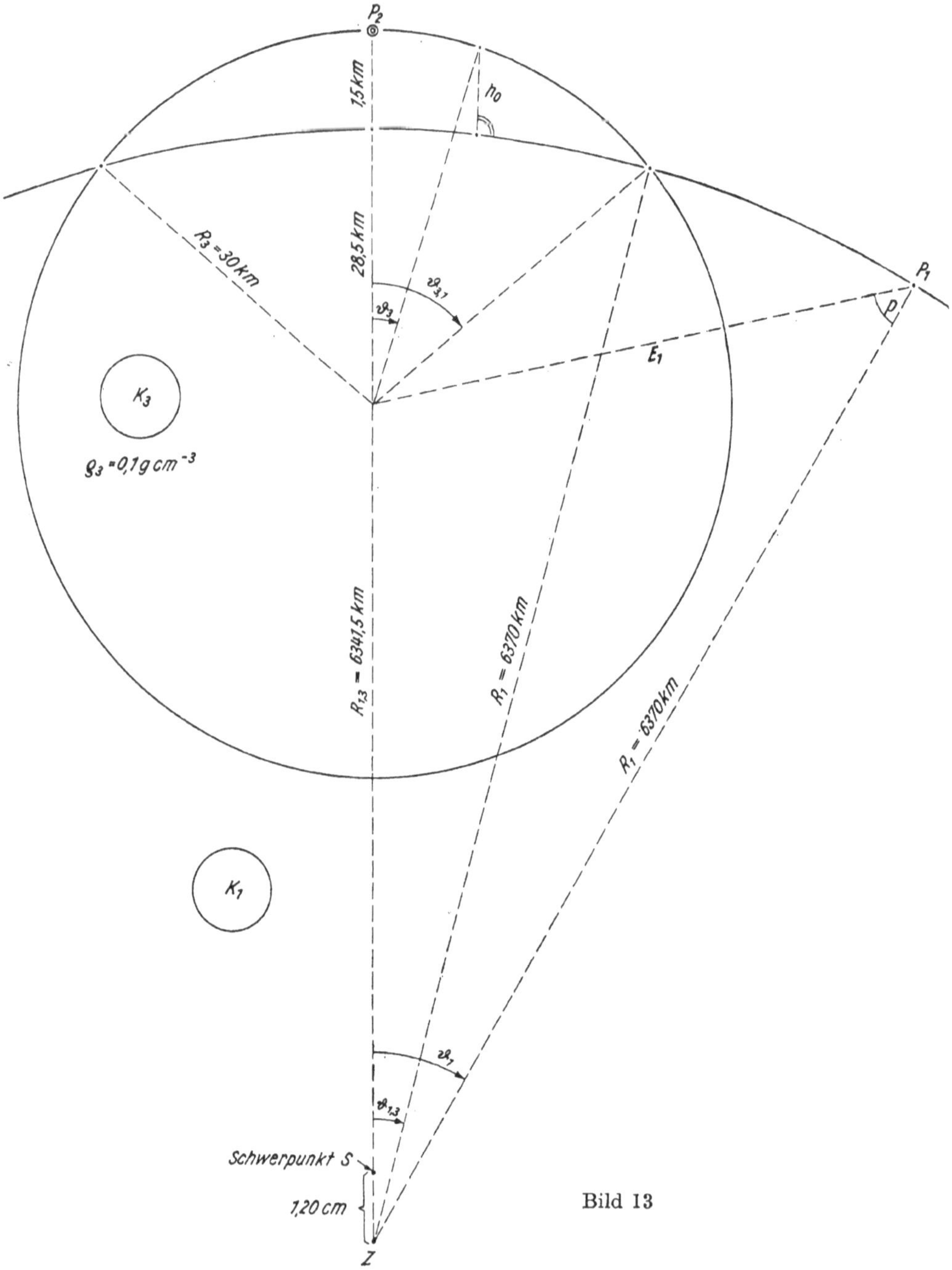

Bild 13

oder

$$\sum_1^6 \Phi_i^{\circ\circ} = + \frac{3}{8\pi R^2} \iint \left\{ \frac{\Delta g_F}{G} + \frac{2N_\sigma}{R} \right\} \frac{h}{\sin\frac{\vartheta}{2}} d\varkappa + \frac{1}{8\pi R^2} \iint h\, \Theta_{\varrho\cdot\vartheta} \frac{\cos\frac{\vartheta}{2}}{\sin^2\frac{\vartheta}{2}} d\varkappa -$$

$$- \frac{1}{2\pi} \sum_i [N_\sigma \zeta]_{r=1000\,\mathrm{km}} (\lambda_{i+1} - \lambda_i) \tag{4a}$$

weil die Funktionen

$$\zeta,\ N_\sigma,\ \Delta g_F,\ h$$

nicht von λ abhängig sind, wegen $\Delta\varkappa = R_1^2 \sin\vartheta_1\, d\vartheta_1\, d\lambda$ und weil die Geländeneigung $\nu_x = \nu_y = 0$ für $r > 1000$ km, folgt nach 4:

$$\sum_{i=1}^{6} \Phi_i^{\circ} = \sum_{i=1}^{6} \Pi_i\,, \qquad 0 \leq r \leq 1000\,\mathrm{km}\,, \tag{5}$$

$$\sum_{i=1}^{6} \Phi_i^{\circ\circ} = \Omega_1 + \Omega_2\,, \qquad r \geq 1000\,\mathrm{km}\,. \tag{6}$$

$$\left.\begin{aligned}
\Pi_1 &= [N_\sigma \zeta]\,, \qquad r = 1000\,\mathrm{km}\,,\\
\Pi_2 &= -\sum_k \zeta\,(N_{\sigma_{k+1}} - N_{\sigma_k})\,,\\
\Pi_3 &= -\frac{1}{2G} \sum_k \Delta g_F\, \zeta^2 (r_{k+1} - r_k)\,,\\
\Pi_4 &= -\frac{5}{4R_1} \sum_k N_\sigma \zeta^2 (r_{k+1} - r_k)\,,\\
\Pi_5 &= +\frac{3}{2GR_1} \sum_k \Delta g_F\, h\,(r_{k+1} - r_k)\,,\\
\Pi_6 &= +\frac{5}{2R_1^2} \sum_k N_\sigma h\,(r_{k+1} - r_k)\,,
\end{aligned}\right\} \tag{7}$$

$$\left.\begin{aligned}
\Omega_1 &= +\frac{3}{2G} \sum_k \Delta g_F\, h \cos\frac{\vartheta_1}{2} (\vartheta_{1_{k+1}} - \vartheta_{1_k})\,,\\
\Omega_2 &= \frac{1}{2R} \sum_k N_\sigma h \left[5\cos\frac{\vartheta_1}{2} - \frac{1}{2} \frac{\cos^3\frac{\vartheta_1}{2}}{\sin^2\frac{\vartheta_1}{2}} \right] (\vartheta_{1_{k+1}} - \vartheta_{1_k})\,.
\end{aligned}\right\} \tag{8}$$

In den Formeln für die Freiluftanomalien Δg_F können wir die Kugelfunktionen 0. und 1. Ordnung unberücksichtigt lassen, weil diese auch in der STOKESschen Funktion fehlen. So erhalten wir

$$\Delta g_F = -2f \frac{M_3}{R_1 R_3} + f \frac{M_3}{R_3^2} \cos(\vartheta_3 - \vartheta_1) - G \left[\frac{h_0}{R_1}\right]^2, \qquad 0 \leq \vartheta_1 \leq \vartheta_{1\cdot 3}\,, \tag{9}$$

$$\Delta g_F = -2f \frac{M_3}{R_1 E_1} + f M_3 \frac{1}{E_1^3} (R_1 - R_{1\cdot 3} \cos\vartheta_1)\,, \qquad \vartheta_{1\cdot 3} \leq \vartheta_1 \leq \pi\,, \tag{10}$$

$$E_1^2 = R_1^2 + R_{1\cdot 3}^2 - 2 R_1 R_{1\cdot 3} \cos\vartheta_1\,.$$

Zur Berechnung der Freiluftanomalien Δg_F für Punkte P_1 mit sehr großer Entfernung vom Aufpunkt P_2 wurde die Formel (10) etwas modifiziert, indem für E_1 eine nach Potenzen von

$R_1 - R_{1\cdot3}$ fortschreitende Reihe angesetzt wurde. Auf diese Reihenentwicklung soll nicht näher eingegangen werden. Mit dem STOKESschen Integral (1) folgt:

$$\Psi_1 = \frac{R_1}{4\pi\gamma_\sigma} \int_{\lambda=0}^{2\pi} d\lambda \int_{\vartheta_1=0}^{\pi} \Delta g_F\, S_T(\vartheta_1) \sin\vartheta_1\, d\vartheta_1 = +\,2{,}6251 \text{ m};$$

nämlich im Bereich $\quad 0 \leq \vartheta_1 \leq \vartheta_{1\cdot3}$: $\quad +\,0{,}7852$ m

und im Bereich $\quad \vartheta_{1\cdot3} \leq \vartheta_1 \leq \pi$: $\quad +\,1{,}8399$ m.

Das Integral in (1):

$$\frac{1}{2} R_1 \int_{\vartheta_1=0}^{\vartheta} \Theta_\sigma \operatorname{tg}(\gamma, n) \cos(\alpha - A)\, S_T(\vartheta_1) \sin\vartheta_1\, d\vartheta_1 = \Psi_2$$

kann nicht vernachlässigt werden, wenn wir die Rechengenauigkeit auf etwa 1 mm festsetzen. Für $\vartheta_{1\cdot3} \leq \vartheta_1 \leq \pi$ ist $\sphericalangle(\gamma, n) = 0$. Wir brauchen also nur über den Bereich

$$0 \leq \vartheta_1 \leq \vartheta_{1\cdot3}$$

zu integrieren. Weil $\sphericalangle(\gamma, n)$ der Winkel zwischen der Normalen der Bezugsfläche und der Normalen der Erdoberfläche ist, können wir in genügender Annäherung setzen

$$\sphericalangle(\gamma, n) = \vartheta_3 - \vartheta_1; \qquad \text{wenn} \qquad 0 \leq \vartheta_1 \leq \vartheta_{1\cdot3}.$$

Θ_σ ist der gesamte Betrag der Lotabweichung an der Erdoberfläche. Bei dem gewählten Geländemodell fallen die Richtungen der Lotabweichungen in die Richtungen $\alpha = \text{const}$. Die Azimute der Geländeneigungen A sind ebenfalls gleich den Richtungen $\alpha = \text{const}$. Die Richtungen α und A sind gleichgerichtet, daher

$$\cos(\alpha - A) = 1.$$

Θ_σ ist bekanntlich proportional der tangentialen Komponente der Schwereintensität g.

$$\Theta_\sigma = \frac{g_{\text{tang.}}}{g_{\text{vert.}}}$$

$$g_{\text{tang.}} = f\,\frac{M_3}{R_3^2} \sin(\vartheta_3 - \vartheta_1)$$

$$g_{\text{vert.}} \cong f\,\frac{M_1}{R_1^2} = G.$$

Ist $\varkappa_0$ eine bestimmte Konstante, so folgt nach der numerischen Auswertung

$$\Psi_2 = \varkappa_0 \int_{\vartheta_1=0}^{\vartheta_{1\cdot3}} \sin\vartheta_3 \operatorname{tg}\vartheta_3\, S_T(\vartheta_1) \sin\vartheta_1\, d\vartheta_1 = +\,0{,}0271 \text{ m}.$$

Also

$$\Psi_1 + \Psi_2 = +\,2{,}6522 \text{ m}. \tag{11}$$

Die Errechnung der Π_i und Ω_i ergibt sich nach (7) und (8) ohne besondere Schwierigkeiten. Die dabei benötigten Werte für N_σ sind in genügender Annäherung

$$\left.\begin{aligned} N_\sigma &\cong \frac{1}{G}\frac{f M_3}{R_3}\left(1 - \frac{R_3}{R_1}\right) = \text{const}, \quad & 0 \leq \vartheta_1 \leq \vartheta_{1\cdot3} \\ N_\sigma &\cong \frac{1}{G}\frac{f M_3}{E_1}\left(1 - \frac{E_1}{R_1}\right), \quad & \vartheta_{1\cdot3} \leq \vartheta_1 \leq \pi. \end{aligned}\right\} \tag{12}$$

Im Bereich

$$R_1\,\vartheta_{1\cdot3} \leq r \leq 1000 \text{ km}$$

gilt für ζ genügend genau

$$\zeta = -\frac{1{,}5\,\mathrm{km}}{2\,R_{1_{\mathrm{km}}}\sin\frac{\vartheta_1}{2}}. \tag{13}$$

So erhalten wir, indem wir in den Gleichungen (7) für Π_i im Bereich $0 \leq r \leq 1000$ km integrieren:

$$\begin{aligned}
\Pi_1 &= -0{,}0001\ \mathrm{m}, \\
\Pi_2 &= -0{,}0975\ \mathrm{m}; \\
\Pi_3 &= -0{,}0088\ \mathrm{m}, \\
\Pi_4 &= -0{,}0001\ \mathrm{m}, \\
\Pi_5 &= -0{,}0006\ \mathrm{m}, \\
\Pi_6 &= 0{,}0000\ \mathrm{m}, \\
\sum_{i=1}^{6} \Pi_i &= -0{,}1071\ \mathrm{m}.
\end{aligned}$$

Die Werte für Ω_1 und Ω_2 folgen aus den Integralen (8) mit dem Bereich $r \geq 1000$ km

$$\begin{aligned}
\Omega_1 &= +0{,}000\,015\ \mathrm{m}, \\
\Omega_2 &= -0{,}000\,030\ \mathrm{m}.
\end{aligned}$$

Folglich

$$\sum_{i=1}^{2} \Omega_i = 0{,}0000\ \mathrm{m}$$

$$\sum_{1}^{2} \Psi_i + \sum_{1}^{6} \Pi_i + \sum_{1}^{2} \Omega_i = 2{,}5451\ \mathrm{m}. \tag{15}$$

N_σ ist die Geoidundulation an der Oberfläche des Geländemodells. Es ist nun eine leichte Aufgabe, N_σ aus der bekannten Massenverteilung in dem Geländemodell zu berechnen.

Es ist nämlich in bezug auf den Punkt P_2

$$N_\sigma = \frac{1}{\gamma_\sigma} T_\sigma \cong \frac{1}{G\left(1 - \frac{2\,h_0}{R_1}\right)} (W_\sigma - U_\sigma)$$

und

$$W_\sigma = f\,\frac{M_1}{R_1 + 1{,}5} + f\,\frac{M_3}{R_3},$$

$$U_\sigma = f\,\frac{M_1 + M_3}{R_1 + 1{,}5}.$$

Die Niveauflächen des Potentials U sind dabei konzentrisch zur Kugel K_1.

Also

$$N_\sigma = \frac{1}{G}\,f\,\frac{M_3}{R_3}\left[1 - \frac{R_3}{R_1} + 2\,\frac{h_0}{R_1}\right] = 2{,}5524\ \mathrm{m}. \tag{16}$$

Entsprechend der obigen Gleichung ist in N_σ die Kugelfunktion 0. Ordnung abgespalten, weil das normale Potentialfeld U durch die gleiche Masse $M_1 + M_2$ erzeugt wird wie das tatsächliche Potentialfeld W. Man kann sich leicht davon überzeugen, daß

$$\iint_\sigma N_\sigma\,d\sigma \cong 0. \tag{17}$$

Die Kugelfunktion 1. Ordnung können wir von N_σ leicht dadurch abspalten, daß wir die Mittelpunkte der „normalen" sphärischen Niveauflächen des Potentials U mit dem Schwerpunkt des Geländemodells zusammenfallen lassen. Verschieben wir die „normale" Massenverteilung so, daß diese nicht mehr den Punkt Z, sondern den Schwerpunkt S zum Zentrum hat (vgl. Bild 13), so verringert sich im Punkte P_2 die Geoidundulation N_σ um

$$\overline{SZ} = 0{,}0120 \text{ m} . \tag{18}$$

Nach dieser Verlagerung ist auch

$$\iint_\sigma N_\sigma \cos \vartheta_1 \, d\sigma \cong 0 . \tag{19}$$

Die von den Kugelfunktionen 0. und 1. Ordnung befreite Geoidundulation N_σ im Aufpunkt P_2 ist also gleich

$$N_\sigma = 2{,}5404 \text{ m} . \tag{20}$$

Die Differenz zwischen den Werten für N_σ nach Gleichung (15) und (20) beträgt

4,7 mm

und ist von der Größenordnung der Rechengenauigkeit.

Zusammenstellung der Konstanten

$R_1 = 6370$ km

$G = f \dfrac{M_1}{R_1^2} = 981\,000$ mgal

$M_1, M_3 =$ Masse der Kugel K_1, K_3

$f = 6{,}67 \cdot 10^{-8}$ cm^3 g^{-1} sec^{-2} (Gravitationskonstante)

$R_3 = 30$ km

$\varrho_3 = 0{,}1$ gcm^{-3}

$\vartheta_{1\cdot3} = 5'\, 4{,}''006$

$R_{1\cdot3} = 6341{,}5$ km

$\vartheta_{1\cdot3} = 18^\circ\, 14'\, 13{,}''711$.

Literaturverzeichnis

[1] ARNOLD, K.: Zur Bestimmung der Geoidundulationen aus Freiluftanomalien. Veröff. des Geod. Inst. Potsdam (Dt. Akad. d. Wiss. Berlin) Nr. **12**, 1959.

[2] LAMBERT, W. D., and DARLING, F. W.: Tables for determining the form of the geoid and its indirekt effect on gravity. Coast and Geodetic Survey, special publication, Nr. 199. Washington 1936.

Anwendung der strengen Theorie der gravimetrischen Geoidundulationen auf den Brockengipfel im Harzgebirge

Um ein aus der Praxis herausgegriffenes Beispiel zu erläutern, wurde die in [1], [2] dargestellte strenge Theorie der gravimetrischen Geoidundulationen auf den 1142 m hohen Brockengipfel im Harzgebirge angewandt. Natürlich haben wir nur die Korrektionsgröße nicht aber das STOKESsche Integral selbst berechnet, weil nur dem erstgenannten Wert in diesem Zusammenhang unser besonderes Interesse gilt.

Das STOKESsche Integral wäre also um

$$\sum_1^7 \Phi_i^{\circ} = \frac{1}{2\pi}\int\int h\,\frac{1}{R}\,\nabla\mathfrak{v}\,dr\,d\alpha - \frac{1}{8\pi}\sum\sum\left[\frac{2}{G}\,\frac{\partial\,\Delta g_F}{\partial r}\,r + \frac{N_\sigma}{R}\right]\zeta^2\,dr\,d\alpha +$$

$$+\frac{1}{4\pi R}\int\int h\left(3\,\frac{\Delta g_F}{G} + 5\,\frac{N_\sigma}{R}\right)dr\,d\alpha \qquad 0 \leq r \leq 1000\,\text{km}\,,$$

$$\sum_1^7 \Phi_i^{\circ\circ} = \frac{1}{4\pi R}\int h\,\frac{1}{R}\,\nabla\mathfrak{v}\,S_T(\vartheta)\,d\varkappa + \frac{3}{8\pi R^2}\int\int\left\{\frac{\Delta g_F}{G} + 2\,\frac{N_\sigma}{R}\right\}\frac{h}{\sin\frac{\vartheta}{2}}\,d\varkappa +$$

$$+\frac{1}{8\pi R^2}\int\int h\,\Theta_{\sigma,\vartheta}\left[\frac{\cos\frac{\vartheta}{2}}{\sin^2\frac{\vartheta}{2}} + 2\,\frac{dS_T}{d\vartheta}\right]d\varkappa \qquad r \geq 1000\,\text{km}$$

zu verbessern, wenn wir in [2] setzen (vgl. [9] (101d))

$$\frac{\partial N_\sigma}{\partial r} = -\Theta_{\sigma,r} - \left(\frac{\Delta g_F}{G} + \frac{2}{R}\,N_\sigma\right)\left(\frac{\partial\zeta}{\partial r} + \frac{\zeta}{r}\right)r$$

und wenn wir dem STOKESschen Integral folgende Form geben

$$N_{\varepsilon_0} = \frac{R_0}{4\pi\gamma_\sigma}\int\int \Delta g_F\,S_T(\vartheta)\,\sin\vartheta\,d\vartheta\,d\alpha + \frac{\bar{g}-\bar{\gamma}}{G}\,h_0 + \sum_1^6\left(\Phi_n^{\circ} + \Phi_{in}^{\circ\circ}\right)$$

R_0: Radius der mittleren Erdkugel (in Meererniveau).

Wir setzten

$$\frac{1}{R}\,\nabla\mathfrak{v} = \frac{1}{R}\,\frac{\partial\xi}{\partial\varphi} + \frac{1}{R\cos\varphi}\,\frac{\partial\eta}{\partial\lambda}$$

und entnahmen die Komponenten der Lotabweichung den von H. WOLF geschaffenen Karten [3]. N_σ wurde dem „Columbus-Geoid" entnommen. [4] Bild 5, 6; [5]. Für die Freiluftanomalien stand für die nähere Umgebung eine gute Unterlage zur Verfügung. Im weiteren Bereich leistete die Schwerekarte von GERKE [6], nach der Umrechnung der Bougueranomalien in Freiluftanomalien, und ferner eine polnische Karte der Freiluftanomalien 1:2000000, [7], gute Dienste.

Außerhalb des Bereiches $r \leq 1000$ km wurde die Integration nur über das Gebiet $0 \leq \varphi \leq 60°$, $-180° \leq \lambda \leq +180°$ erstreckt. $\nabla\mathfrak{v}$ und N_σ wurden hier dem „Columbus-Geoid", Δg_F der Kugelfunktionsentwicklung für die Freiluftanomalien von ZONGOLOWITSCH [8] entnommen.

Bei der Bestimmung der Größe $\nabla\mathfrak{v}$ aus N_σ wollen wir noch etwas verweilen.

Ist nämlich Θ_u die Lotabweichung in der positiven Richtung des Gaussschen Parameters u der Flächentheorie und ds_u dessen Bogenelement, so folgt mit [9] S. 20, 21 und [2]

$$\frac{\partial N_\sigma}{\partial s_u} = -\Theta_{\sigma \cdot u} - \left[\frac{\Delta g_F}{G} + \frac{2}{R} N_\sigma\right] \frac{\partial h}{\partial s_u}.$$

Ist ∇ der Nabla-Operator und $\triangle = \nabla^2$ der zweite Differentiator von Beltrami, so folgt für die Kugeloberfläche

$$\triangle N_\sigma = \operatorname{div}\operatorname{grad} N_\sigma = \frac{1}{R^2 \cos\varphi} \frac{\partial}{\partial\varphi}\left(\cos\varphi \frac{\partial N_\sigma}{\partial\varphi}\right) + \frac{1}{R^2 \cos^2\varphi} \frac{\partial^2 N_\sigma}{\partial\lambda^2},$$

und wir erhalten

$$\frac{1}{R} \nabla \mathfrak{v} = \frac{1}{R} \operatorname{grad} \mathfrak{v} = -\triangle N_\sigma - \nabla \left[\frac{\Delta g_F}{G} + \frac{2}{R} N_\sigma\right] \nabla h - \left[\frac{\Delta g_F}{G} + \frac{2}{R} N_\sigma\right] \triangle h.$$

Bilden wir das über ein Kompartiment mit $10° \times 10°$ Seitenlänge erstreckte Mittel $\overline{\nabla \mathfrak{v}}$, so wird man

$$\overline{\nabla \left[\frac{\Delta g_F}{G} + \frac{2}{R} N_\sigma\right] \cdot \nabla h} \qquad \text{und} \qquad \overline{\triangle h \cdot \left[\frac{\Delta g_F}{G} + \frac{2}{R} N_\sigma\right]}$$

vernachlässigen können, und es folgt

$$\frac{1}{R} \overline{\nabla \mathfrak{v}} \cong -\overline{\Delta N_\sigma}.$$

Wegen des Gaussschen Integralsatzes verschwindet $\overline{\triangle h}$ immer dann, wenn entlang der Berandung des Kompartiments das Gelände horizontal ist. Insbesondere ist der über einen Kontinent erstreckte Mittelwert in Strenge gleich Null.

Die Ermittelung von $\triangle N_\sigma$ aus N_σ gestaltet sich folgendermaßen: In rechtwinkligen x, y-Koordinaten auf dem Erdellipsoid gilt für N_σ

$$N_\sigma = N_\sigma^\circ + \frac{\partial N_\sigma}{\partial x} x + \frac{\partial N_\sigma}{\partial y} y + \frac{1}{2} \frac{\partial^2 N_\sigma}{\partial x^2} x^2 + \frac{\partial^2 N_\sigma}{\partial x\, \partial y} x y + \frac{1}{2} \frac{\partial^2 N_\sigma}{\partial y^2} y^2 + \cdots.$$

N_σ° ist der Wert von N_σ im Koordinatenursprung, $\overline{N_\sigma}$ der Mittelwert von N_σ auf der Kreisperipherie. Wir integrieren über die Peripherie des konzentrischen Kreises mit dem Radius r_0 und erhalten mit $x = r_0 \cos\alpha$, $y = r_0 \sin\alpha$

$$(\overline{N_\sigma} - N_\sigma^\circ)_{\text{Kreis}} = \frac{1}{4\pi} \frac{\partial^2 N_\sigma}{\partial x^2} r_0^2 \int_0^{2\pi} \cos^2\alpha\, d\alpha + \frac{1}{4\pi} \frac{\partial^2 N_\sigma}{\partial y^2} r_0^2 \int_0^{2\pi} \sin^2\alpha\, d\alpha + \cdots$$

$$\frac{\partial^2 N_\sigma}{\partial x^2} + \frac{\partial^2 N_\sigma}{\partial y^2} \cong \triangle N_\sigma = \lim_{r_0 \to 0} \frac{4}{r_0^2} (\overline{N_\sigma} - N_\sigma^\circ)_{\text{Kreis}}.$$

Integrieren wir aber über den Umfang eines zentrisch gelegenen Quadrats mit der Seitenlänge a, so folgt

$$\triangle N_\sigma = \lim_{a \to 0} \frac{12}{a^2} (\overline{N_\sigma} - N_\sigma^\circ)_{\text{Quadrat}}.$$

Man kann hier auch die über die Fläche des konzentrischen Kreises oder Quadrats genommenen Mittelwerte $\overline{\overline{N_\sigma}}$ verwenden. Es folgt dann

$$(\overline{\overline{N_\sigma}} - N_\sigma^\circ)_{\text{Kreis}} = \frac{1}{\pi r_0^2} \left[\frac{1}{2} \frac{\partial^2 N_\sigma}{\partial x^2} \int_{r=0}^{r_0} \int_{\alpha=0}^{2\pi} r^2 \cos^2\alpha\, r\, dr\, d\alpha + \frac{1}{2} \frac{\partial^2 N_\sigma}{\partial y^2} \int_{r=0}^{r_0} \int_{\alpha=0}^{2\pi} r^2 \sin^2\alpha \cdot r\, dr\, d\alpha + \cdots\right]$$

oder

$$(\overline{\overline{N_\sigma}} - N_\sigma)_{\text{Quadrat}} = \frac{1}{a^2} \left[\frac{1}{2} \frac{\partial^2 N_\sigma}{\partial x^2} \int_{-a/2}^{+a/2} \int_{-a/2}^{+a/2} x^2\, dx\, dy + \frac{1}{2} \frac{\partial^2 N_\sigma}{\partial y^2} \int_{-a/2}^{+a/2} \int_{-a/2}^{+a/2} y^2\, dx\, dy + \cdots\right].$$

Also

$$\triangle N_\sigma \cong \lim_{r_0\to 0} \frac{8}{r_0^2} (\overline{\overline{N}}_\sigma - N_\sigma^\circ)_{\text{Kreis}} = \lim_{a\to 0} \frac{24}{a^2} (\overline{\overline{N}}_\sigma - N_\sigma^\circ)_{\text{Quadrat}} .$$

Bei den numerischen Berechnungen integrierten wir N_σ über die Peripherie eines Kreises mit dem Radius $r_0 = 1000$ km.

Nach dem GAUSSschen Integralsatz gilt auch

$$\iint \triangle N_\sigma\, df \cong f \cdot \triangle N_\sigma = \int \frac{\partial N_\sigma}{\partial n}\, dl ,$$

wenn $\vec{n}$ die Normale der von den Linienelementen dl berandeten Fläche f ist.

Es ist auch

$$\triangle N_\sigma \cong \frac{\partial}{\partial n} \ln \frac{g}{\gamma}$$

(vgl. MARUSSI: La coordination des systèmes géodésiques. Bull. géod. **43**, 1957, S. 16).

Im Bereich $0 \le r \le 1000$ km ergab sich für die drei Korrektionsglieder in Zentimetern

$$\sum_1^7 \Phi_i^\circ = -4{,}1 - 0{,}2 \pm 0{,}0 = -4{,}3 \text{ cm}$$

und in dem übrigen Bereich des „Columbus-Geoids" fanden wir nur

$$\sum_1^7 \Phi_i^{\circ\circ} = +2{,}4 - 3{,}0 - 1{,}0 = -1{,}6 \text{ cm} .$$

Das restliche Gebiet $60° \le \varphi \le 90°$, $-90° \le \varphi \le 0°$; $-180° \le \lambda \le +180°$ kann also unbedenklich fortgelassen werden. Die gesamte Korrektion beträgt nur —6 cm (± 50%).

Literaturverzeichnis

[1] ARNOLD, K.: Zur Bestimmung der Geoidundulationen aus Freiluftanomalien. Veröff. des Geod. Inst. Potsdam (Dt. Akad. d. Wiss. Berlin) Nr. **12**, 1959.

[2] ARNOLD, K.: Zur strengen Theorie der Figur der Erde. Gerlands Beiträge zur Geophysik, Bd. **68**, Heft 5 (1959).

[3] WOLF, H.: Versuch einer Geoidbestimmung im mittleren Europa aus astronomisch-geodätischen Lotabweichungen. Deutsche Geodätische Kommission (Bayerische Akad. d. Wiss.), Reihe A, Heft **18**, 1956.

[4] HEISKANEN, W. A.: Achievements of the world-wide gravity programm of the mapping and charting research laboratory of the Ohio state university. Toronto 1957.

[5] HEISKANEN, W. A., and VENING-MEINESZ: The earth and its gravity field. New York 1958.

[6] GERKE, K.: Die Karte der Bouguer-Isanomalen 1:1000000 von Westdeutschland. Deutsche Geodätische Kommission (Bayerische Akad. d. Wiss.), Reihe B, Heft **46/I**, 1957.

[7] JERZY BOKUN: Preparation of gravimetric materials for the polish astro-geodetic net and the 1. class precise levelling net. Proc. of the inst. of geodesy and cartography VI/1 (13), 1958.

[8] ZONGOLOWITSCH, J.: Das äußere Schwerefeld der Erde und die diesbezüglichen fundamentalen Konstanten. Arbeiten d. Inst. f. theor. Astr. III. Moskau-Leningrad, 1952.

[9] ARNOLD, K.: Strenge Theorie der absoluten Lotabweichungen als Funktionen der Freiluftanomalien der Schwere. Veröff. des Geod. Inst. Potsdam (Dt. Akad. d. Wiss. Berlin) Nr. **13**, 1959.

[10] SCHLEUSENER, A.: Karte der mittleren Höhen von Zentraleuropa. Veröff. d. Deutsch. Geod. Komm. b. d. Bayerischen Akad. d. Wissenschaften. Reihe B, Heft **60** (1959).

[11] GERKE, K. und WATERMANN, H.: Die Karte der mittleren Freiluftanomalien für Gradabteilungen $6' \times 10'$ von Westdeutschland. Veröff. d. Deutschen Geod. Komm. b. d. Bayerisch. Akad. d. Wiss. Reihe B, Heft **46**, Teil II (1959).

[12] HEISKANEN, W.: Catalogue of the isostatically reduced gravity stations. Ann. Akad. Sc. Fennicae, Ser. A. Tom. LI, No. **10**. Helsinki 1939.

Die Genauigkeit der STOKESschen Theorie für die Geoidundulation am Mont-Blanc

Schließlich wurde die strenge Theorie der Geoidundulationen auf den Gipfel des Mont-Blanc (4810 m) spezialisiert.

Für die nähere Umgebung bis 1000 km Entfernung standen die Karten für die ξ, η-Werte von H. Wolf, der europäische Teil des „Columbus-Geoids" und die im vorigen Kapitel genannten Schwerekarten zur Verfügung.

Im Bereich $r \geq 1000$ km wurde wieder nur im Gebiet des „Columbus-Geoids", also $0° \leq \varphi \leq +60°$, $-180° \leq \lambda \leq +180°$ integriert.

Die Rechnungen wurden in demselben schon bei den Rechnungen für den Brockengipfel angewandten Schema durchgeführt und bedürfen keiner weiteren Erläuterung.

Es ergab sich für die drei Glieder des Bereiches $0 \leq r \leq 1000$ km in Zentimeter

$$\sum_1^7 \Phi_i^{\circ} = -24 + 5 \pm 0 = -19 \text{ cm}$$

und für den äußeren Bereich

$$\sum_1^7 \Phi_i^{\circ\circ} = +11 - 6 - 5 = \pm 0 \text{ cm} .$$

Die gesamte Korrektion beträgt also selbst für einen so hoch gelegenen Punkt nur

$$-19 \text{ cm} \pm 50\% .$$

Schlußwort

Gravimetrische Lotabweichungen

Die Untersuchung der Lotabweichungen an einem Geländemodell ergab einen sehr erheblichen Korrektionsbetrag für das Integral von Vening-Meinesz. Die Ursache liegt darin, daß ein extremes Geländemodell gewählt wurde; denn es sollte auch in zuverlässiger Weise die Richtigkeit der analytischen Formeln für die Korrektion gezeigt werden. Diese numerischen Berechnungen liefern natürlich nur eine notwendige, nicht aber eine hinreichende Bedingung für die Richtigkeit der Korrektionsformeln. Bei der Berechnung gravimetrischer Lotabweichungen in Aufpunkten, die am Rande oder gar innerhalb mehr oder weniger hoher Gebirge liegen, wird man sich jedenfalls über die Größe der drei die Korrektionsgröße darstellenden Integrale [Veröff. des Geod. Inst. Potsdam (Dt. Akad. d. Wiss. Berlin) Nr. **13**, Gleichung (144)] Rechenschaft abzulegen haben. Zu den Rechnungen für die Korrektionsgröße am Geländemodell ist ferner der Betrag des die Freiluftanomalien enthaltenden Integrals (Q_3) bemerkenswert: Dieses Integral erreicht nur etwa 10% der gesamten Korrektionsgröße.

Die meridionale Lotabweichungskomponente am Brockengipfel im Harzgebirge — ein Gebiet, das keinesfalls als ausgesprochenes Störungsgebiet angesehen werden kann, obwohl der Harz sich nicht im isostatischen Gleichgewicht befindet — bedarf einer Korrektion von etwa —0,″5. Das ist die Größenordnung des gesamten Fehlers, mit dem man im mittleren Europa gravimetrische Lotabweichungen bestimmen kann. Die Differenzen der gravimetrischen Lotabweichungen in benachbarten Punkten kann man noch wesentlich genauer bestimmen (Heiskanen/Vening-Meinesz: The earth and its gravity field. McGraw-Hill, New York 1958; Seite 274, 275, 277). Auch an diesem Beispiel zeigt es sich, daß die die Freiluftanomalien enthaltenden Integrale im Ausdruck für die Korrektionsgröße den geringeren Einfluß haben im Vergleich mit jenem Integral, in dessen Integrand eine Funktion der Lotabweichungen erscheint.

Beim Beispiel der auf der Insel Zypern gelegenen Aufpunkte treten starke Freiluftanomalien und Anomalien der mittleren Krümmung des Geoids auf. Das Gebirge steigt nur mäßig an, und die Aufpunkte liegen am Rande des Gebirges, von den steileren Geländeneigungen mehr entfernt. Wegen der Insellage ist das Integrationsgebiet nur klein. Trotzdem muß die Differenz der ξ-Werte für die beiden etwa 60 km voneinander entfernten Stationen an der Nord- und Südküste um etwa 1,″2 korrigiert werden. Trotz der starken Schwerestörungen haben die beiden die Gradienten der Freiluftanomalien enthaltenden Korrektionsglieder einen verschwindenden Einfluß.

Bei der Berechnung der jetzt mit $K\,G(\xi)$, $K\,G(\eta)$ bezeichneten Korrektionsgrößen für die gravimetrischen Lotabweichungen ξ, η in den drei soeben erläuterten Beispielen wurde die Erfahrung gewonnen, daß man wohl am besten mit den Formeln (144) aus Veröff. des Geod. Inst. Potsdam Nr. **13** rechnen wird. Also

$$\left.\begin{matrix} K\,G(\xi) \\ K\,G(\eta) \end{matrix}\right\} = -\frac{1}{2\pi}\iint\left(\frac{\partial\xi_{\sigma*}}{\partial X}+\frac{\partial\eta_{\sigma*}}{\partial Y}\right)\zeta\,\begin{matrix}\Gamma_1(X,Y)\\ \Gamma_1(Y,X)\end{matrix}\,dF+\frac{1}{2\pi G}\iint\frac{\partial\Delta g_F}{\partial X}\,\zeta^2\,\begin{matrix}\Gamma_{21}(X,Y)\\ \Gamma_{22}(X,Y)\end{matrix}\,dF+$$

$$+\frac{1}{2\pi G}\iint\frac{\partial\Delta g_F}{\partial Y}\,\zeta^2\,\begin{matrix}\Gamma_{22}(X,Y)\\ \Gamma_{21}(Y,X)\end{matrix}\,dF\,.$$

Die Γ_{ik} sind Funktionen von X und Y. Führt man die numerische Integration allenfalls im gleichen quadratischen Gitter durch, etwa mit einer Maschenweite von 2, 3, 4, oder 5 km, so lassen sich die Γ_{ik} für die Mittelpunkte der Maschen ein für allemal „auf Vorrat" berechnen und tabulieren, was eine vorteilhafte Erleichterung der numerischen Integration mit sich bringt. Vielleicht empfiehlt es sich, hier noch einen Schritt weiter zu gehen und statt ζ den Höhenunterschied h einzuführen

$$\zeta \to h\,; \qquad \Gamma_{1k} \to \frac{1}{\sqrt{X^2 + Y^2}}\,\Gamma_{1k} = \Gamma^*_{1k}$$

und analog im zweiten und dritten Integral

$$\zeta^2 \to h^2\,; \qquad \Gamma_{2k} \to \frac{1}{X^2 + Y^2}\,\Gamma_{2k} = \Gamma^*_{2k}\,.$$

Das erste Integral dürfte vor dem zweiten und dritten allenfalls dominieren, es hat den Charakter eines sogenannten Hauptgliedes.

Das Hauptglied in der Korrektionsgröße für die gravimetrischen Lotabweichungen können wir noch mit dem Integral von VENING-MEINESZ zusammenfassen und erhalten dann

$$\left.\begin{matrix}\xi_{\varepsilon_0}\\ \eta_{\varepsilon_0}\end{matrix}\right\} = \left.\begin{matrix}\tau_\xi - \tau^n_\xi\\ \tau_\eta - \tau^n_\eta\end{matrix}\right\} - \frac{1}{2\,\pi\,\varrho''}\iint \left(\Delta g_F + K\,G(\Delta g_F)\right) V_M(\vartheta) \begin{Bmatrix}\cos\alpha\\ \sin\alpha\end{Bmatrix} d\vartheta\, d\alpha\; +$$

$$+ \frac{1}{2\,\pi\,G}\iint h^2 \left(\frac{\partial \Delta g_F}{\partial X}\begin{Bmatrix}\Gamma^*_{21}(X,\,Y)\\ \Gamma^*_{22}(X,\,Y)\end{Bmatrix} + \frac{\partial \Delta g_F}{\partial Y}\begin{Bmatrix}\Gamma^*_{22}(X,\,Y)\\ \Gamma^*_{21}(Y,\,X)\end{Bmatrix}\right) dF$$

mit

$$K\,G(\Delta g_F) = G\,h\left(\frac{\partial \xi_{\sigma *}}{\partial X} + \frac{\partial \eta_{\sigma *}}{\partial Y}\right) \cong \frac{G}{R}\,h\left(\frac{\partial \xi_\sigma}{\partial \varphi} + \frac{1}{\cos\varphi}\,\frac{\partial \eta_\sigma}{\partial \lambda} - \operatorname{tg}\varphi\cdot\xi\right) \to$$

$$\to -G\,h\,\triangle N_\sigma = -G\,h \operatorname{div}\operatorname{grad} N_\sigma\,,$$

$$\left.\begin{matrix}\Gamma^*_1(X,\,Y)\\ \Gamma^*_1(Y,\,X)\end{matrix}\right\} = \begin{Bmatrix}X\\ Y\end{Bmatrix}(X^2 + Y^2)^{-3/2}\,,$$

$$\left.\begin{matrix}\Gamma^*_{21}(X,\,Y)\\ \Gamma^*_{22}(X,\,Y)\end{matrix}\right\} = \begin{Bmatrix}X^2 - \frac{1}{2}\,Y^2\\ \frac{3}{2}\,X\,Y\end{Bmatrix}(X^2 + Y^2)^{-5/2}\,,$$

$$\left.\begin{matrix}\Gamma^*_{22}(X,\,Y)\\ \Gamma^*_{21}(Y,\,X)\end{matrix}\right\} = \begin{Bmatrix}\frac{3}{2}\,X\,Y\\ Y^2 - \frac{1}{2}\,X^2\end{Bmatrix}(X^2 + Y^2)^{-5/2}\,.$$

Die Tabellen 7 bzw. 8 dienen zur Erleichterung der Berechnung der Werte von $K\,G(\xi)$ und $K\,G(\eta)$. Zunächst wurde um den Aufpunkt ein horizontales, nach Norden orientiertes, quadratisches Gitter von der in Tabelle 9 (die in Tabelle 9 eingetragenen Zahlen bezeichnen die Entfernung der betreffenden Punkte vom Zentrum in Kilometern) angegebenen Struktur gelegt. Dann wurden für die Schwerpunkte der quadratischen Kompartimente dieses Gitters die Werte der Funktion Γ^* berechnet und diese mit dem Flächeninhalt des jeweiligen Kompartimentes multipliziert. Zur Vereinfachung der Darstellungen in den Tabellen 7 und 8 wurde noch mit 10^3 bzw. 10^4 multipliziert. Die Zahlen in den Tabellen 7 und 8 müssen also noch mit

$$h\left[\frac{\partial \xi_{\sigma *}}{\partial X} + \frac{\partial \eta_{\sigma *}}{\partial Y}\right] \quad \text{bzw.} \quad h^2\,\frac{\partial \Delta g_F}{\partial X} \quad \text{bzw.} \quad h^2\,\frac{\partial \Delta g_F}{\partial Y}$$

multipliziert werden, um die Integranden in den die Korrektionsglieder darstellenden Integralen zu erhalten.

Tabelle 7

$K\,G(\xi)$

$\Gamma_1^*(X, Y)\,dF \cdot 10^3$

$\Gamma_{21}^*(X, Y)\,dF \cdot 10^4$

$\Gamma_{22}^*(X, Y)\,dF \cdot 10^4$

<table>
<tr><td>+57
+ 4
—11</td><td colspan="2">+100
+ 15
— 17</td><td colspan="3">+150
+ 36
— 11</td><td colspan="3">+150
+ 36
+ 11</td><td colspan="2">+100
+ 15
+ 17</td><td>+57
+ 4
+11</td></tr>
<tr><td rowspan="2">+60
— 3
—17</td><td>+29
+ 3
— 8</td><td>+44
+ 8
—11</td><td>+ 63
+ 17
— 12</td><td colspan="2">+ 79
+ 27
— 6</td><td colspan="2">+ 79
+ 27
+ 6</td><td>+ 63
+ 17
+ 12</td><td>+44
+ 8
+11</td><td>+29
+ 3
+ 8</td><td rowspan="2">+60
— 3
+17</td></tr>
<tr><td>+31
0
—11</td><td>+57
+ 7
—21</td><td>+100
+ 30
— 33</td><td colspan="2">+150
+ 71
— 22</td><td colspan="2">+150
+ 71
+ 22</td><td>+100
+ 30
+ 33</td><td>+57
+ 7
+21</td><td>+31
0
+11</td></tr>
<tr><td>+30</td><td>+27
— 6
—12</td><td>+60
— 5
—33</td><td>+160
+ 33
— 98</td><td colspan="2">+380
+270
—140</td><td colspan="2">+380
+270
+140</td><td>+160
+ 33
+ 98</td><td>+60
— 5
+33</td><td>+27
— 6
+12</td><td>+30</td></tr>
<tr><td rowspan="2">—17
—11</td><td rowspan="2">+11
—13
— 6</td><td rowspan="2">+30
—33
—22</td><td rowspan="2">+130
—110
—140</td><td>+160
+ 65
—200</td><td>+380
+540
—280</td><td>+380
+540
+280</td><td>+160
+ 65
+200</td><td rowspan="2">+130
—110
+140</td><td rowspan="2">+30
—33
+22</td><td rowspan="2">+11
—13
+ 6</td><td rowspan="2">—17
+11</td></tr>
<tr><td>+130
—220
—280</td><td>+1400
+1800
—5300</td><td>+1400
+1800
+5300</td><td>+130
—220
+280</td></tr>
<tr><td rowspan="2">—30
—17</td><td rowspan="2">—11
—13
+ 6</td><td rowspan="2">—30
—33
+22</td><td rowspan="2">—130
—110
+140</td><td>—130
—220
+280</td><td>—1400
+1800
+5300</td><td>—1400
+1800
—5300</td><td>—130
—220
—280</td><td rowspan="2">—130
—110
—140</td><td rowspan="2">—30
—33
—22</td><td rowspan="2">—11
—13
— 6</td><td rowspan="2">—30
—17</td></tr>
<tr><td>—160
+ 65
+200</td><td>—380
+540
+280</td><td>—380
+540
—280</td><td>—160
+ 65
—200</td></tr>
<tr><td>+11</td><td>—27
— 6
+12</td><td>—60
— 5
+33</td><td>—160
+ 33
+ 98</td><td colspan="2">—380
+270
+140</td><td colspan="2">—380
+270
—140</td><td>—160
+ 33
— 98</td><td>—60
— 5
—33</td><td>—27
— 6
—12</td><td>—11</td></tr>
<tr><td rowspan="2">—60
— 3
+17</td><td>—31
0
+11</td><td>—57
+ 7
+21</td><td>—100
+ 30
+ 33</td><td colspan="2">—150
+ 71
+ 22</td><td colspan="2">—150
+ 71
— 22</td><td>—100
+ 30
— 33</td><td>—57
+ 7
—21</td><td>—31
0
—11</td><td rowspan="2">—60
— 3
—17</td></tr>
<tr><td>—29
+ 3
+ 8</td><td>—44
+ 8
+11</td><td>— 63
+ 17
+ 12</td><td colspan="2">— 79
+ 27
+ 6</td><td colspan="2">— 79
+ 27
— 6</td><td>— 63
+ 17
— 12</td><td>—44
+ 8
—11</td><td>—29
+ 3
— 8</td></tr>
<tr><td>—57
+ 4
+11</td><td colspan="2">—100
+ 15
+ 17</td><td colspan="3">—150
+ 36
+ 11</td><td colspan="3">—150
+ 36
— 11</td><td colspan="2">—100
+ 15
— 17</td><td>—57
+ 4
—11</td></tr>
</table>

Tabelle 8

$KG(\eta)$

$\Gamma_1^*(Y, X)\, dF \cdot 10^3$

$\Gamma_{22}^*(X, Y)\, dF \cdot 10^4$

$\Gamma_{21}^*(Y, X)\, dF \cdot 10^4$

<table>
<tr><td>— 57
— 11
+ 4</td><td colspan="2">—60
—17
— 3</td><td colspan="3">—30
—11
—17</td><td colspan="3">+30
+11
—17</td><td colspan="2">+60
+17
— 3</td><td>+ 57
+ 11
+ 4</td></tr>
<tr><td rowspan="2">—100
— 17
+ 15</td><td>—29
— 8
+ 3</td><td>— 31
— 11
0</td><td>— 27
— 12
— 6</td><td colspan="2">— 11
— 6
— 13</td><td colspan="2">+ 11
+ 6
— 13</td><td>+ 27
+ 12
— 6</td><td>+ 31
+ 11
0</td><td>+29
+ 8
+ 3</td><td rowspan="2">+100
+ 17
+ 15</td></tr>
<tr><td>—44
—11
+ 8</td><td>— 57
— 21
+ 7</td><td>— 60
— 33
— 5</td><td colspan="2">— 30
— 22
— 33</td><td colspan="2">+ 30
+ 22
— 33</td><td>+ 60
+ 33
— 5</td><td>+ 57
+ 21
+ 7</td><td>+44
+11
+ 8</td></tr>
<tr><td>—150</td><td>—63
—12
+17</td><td>—100
— 33
+ 30</td><td>—160
— 98
+ 33</td><td colspan="2">—130
—140
—110</td><td colspan="2">+130
+140
—110</td><td>+160
+ 98
+ 33</td><td>+100
+ 33
+ 30</td><td>+63
+12
+17</td><td>+150</td></tr>
<tr><td rowspan="2">— 11
+ 36</td><td rowspan="2">—79
— 6
+27</td><td rowspan="2">—150
— 22
+ 71</td><td rowspan="2">—380
—140
+270</td><td>—160
—200
+ 65</td><td>— 130
— 280
— 220</td><td>+ 130
+ 280
— 220</td><td>+160
+200
+ 65</td><td rowspan="2">+380
+140
+270</td><td rowspan="2">+150
+ 22
+ 71</td><td rowspan="2">+79
+ 6
+27</td><td rowspan="2">+ 11
+ 36</td></tr>
<tr><td>—380
—280
+540</td><td>—1400
—5300
+1800</td><td>+1400
+5300
+1800</td><td>+380
+280
+540</td></tr>
<tr><td rowspan="2">—150
+ 11</td><td rowspan="2">—79
+ 6
+27</td><td rowspan="2">—150
+ 22
+ 71</td><td rowspan="2">—380
+140
+270</td><td>—380
+280
+540</td><td>—1400
+5300
+1800</td><td>+1400
—5300
+1800</td><td>+380
—280
+540</td><td rowspan="2">+380
—140
+270</td><td rowspan="2">+150
— 22
+ 71</td><td rowspan="2">+79
— 6
+27</td><td rowspan="2">+150
— 11</td></tr>
<tr><td>—160
+200
+ 65</td><td>— 130
+ 280
— 220</td><td>+ 130
— 280
— 220</td><td>+160
—200
+ 65</td></tr>
<tr><td>+ 36</td><td>—63
+12
+17</td><td>—100
+ 33
+ 30</td><td>—160
+ 98
+ 33</td><td colspan="2">—130
+140
—110</td><td colspan="2">+130
—140
—110</td><td>+160
— 98
+ 33</td><td>+100
— 33
+ 30</td><td>+63
—12
+17</td><td>+ 36</td></tr>
<tr><td rowspan="2">—100
+ 17
+ 15</td><td>—44
+11
+ 8</td><td>— 57
+ 21
+ 7</td><td>— 60
+ 33
— 5</td><td colspan="2">— 30
+ 22
— 33</td><td colspan="2">+ 30
— 22
— 33</td><td>+ 60
— 33
— 5</td><td>+ 57
— 21
+ 7</td><td>+44
—11
+ 8</td><td rowspan="2">+100
— 17
+ 15</td></tr>
<tr><td>—29
+ 8
+ 3</td><td>— 31
+ 11
0</td><td>— 27
+ 12
— 6</td><td colspan="2">— 11
+ 6
— 13</td><td colspan="2">+ 11
— 6
— 13</td><td>+ 27
— 12
— 6</td><td>+ 31
— 11
0</td><td>+29
— 8
+ 3</td></tr>
<tr><td>— 57
+ 11
+ 4</td><td colspan="2">—60
+17
— 3</td><td colspan="3">—30
+11
—17</td><td colspan="3">+30
—11
—17</td><td colspan="2">+60
—17
— 3</td><td>+ 57
— 11
+ 4</td></tr>
</table>

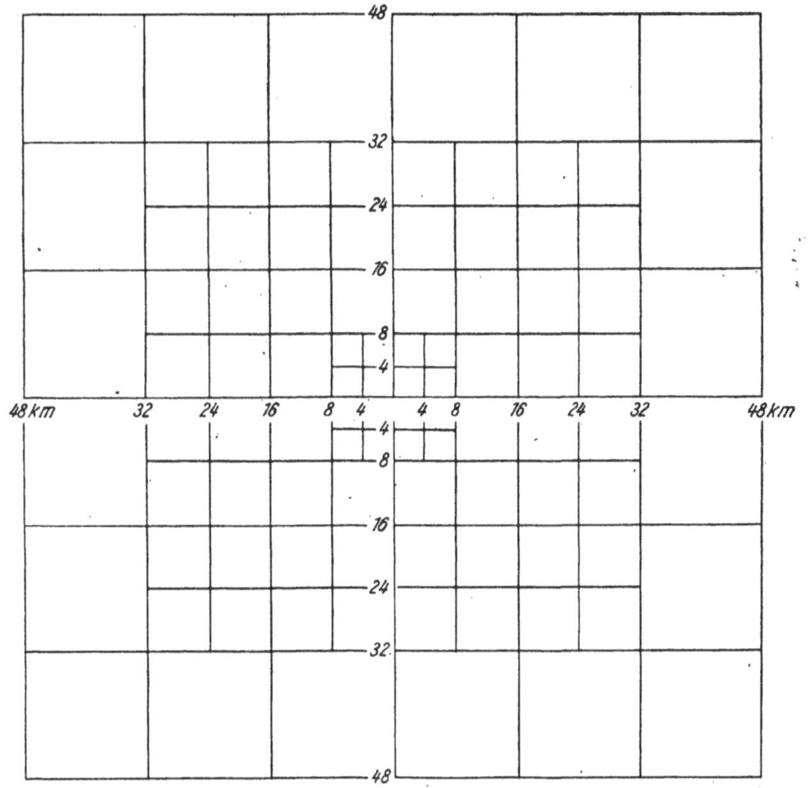

Tabelle 9

Gravimetrische Geoidundulationen

Die Rechnungen zur Bestimmung gravimetrischer Geoidundulationen an einem Geländemodell bestätigen wieder in vollkommen befriedigender Weise — nämlich bis auf einen relativen Fehler von 5% — die Richtigkeit der Korrektionsformeln. Die Rechnungen geschahen noch mit den älteren Formeln. Die vereinfachenden Umformungen („Zur strengen Theorie der Figur der Erde", Gerlands Beiträge zur Geophysik, Bd. 68, Heft 5, Jg. 1959) wurden beim Geländemodell noch nicht benutzt. Der dabei sich ergebende Ausdruck

$$\frac{1}{2\pi R} \iint h\left(\xi_\varphi + \frac{1}{\cos\varphi}\,\eta_\lambda\right) dr\, d\alpha \qquad 0 \leq r \leq 1000\,\mathrm{km}$$

übersteigt jedenfalls erheblich die übrigen Korrektionsglieder und die Integration über den Bereich $r \geq 1000$ km hat einen recht geringen Anteil.

Die Untersuchungen in bezug auf den Brockengipfel und den Gipfel des Mont-Blanc bestätigen vor allem die vollkommene Berechtigung der Anwendung der Stokesschen Theorie in Verbindung mit den Freiluftanomalien ohne Berücksichtigung additiver Korrektionen. Die Ungenauigkeiten der Stokesschen Theorie bei ihrer Anwendung auf die Geoidundulationen liegen heute noch innerhalb der durch das Schwerefeld hervorgerufenen Fehler, in Gegensatz zu dem gefundenen Sachverhalt bei der Anwendung der Stokesschen Theorie auf die Lotabweichungen.

Bei den Rechnungen für die Geoidundulationen am Mont-Blanc und am Brocken stellte sich heraus, daß das dritte Glied in der Formel für $\sum_{1}^{7} \Phi_i^\circ$ kleiner als 1 cm ist.

Betrachten wir also die Erde als eine Kugel, so haben wir

$$N_{e_0} = \frac{R_0}{4\pi\gamma_\sigma} \int_{\alpha=0}^{2\pi} \int_{\vartheta=0}^{\pi} [\Delta g_F + K\,G(\Delta g_F)]\, S_T(\vartheta) \sin\vartheta\, d\vartheta\, d\alpha + \frac{\bar{g}-\bar{\gamma}}{G} h_0 + \Phi_*^\circ + \Phi_*^{\circ\circ},$$

$$\Phi_*^\circ = -\frac{1}{4\pi G} \int_r \int_\alpha \frac{\partial \Delta g_F}{\partial r} \zeta^2\, d\varkappa \qquad 0 \leq r \leq 1000\ \text{km},$$

$$\Phi_*^{\circ\circ} = \frac{3}{8\pi R^2} \iint \left[\frac{\Delta g_F}{G} + 2\frac{N_\sigma}{R}\right] \frac{h}{\sin\frac{\vartheta}{2}}\, d\varkappa + \frac{1}{8\pi R^2} \iint h\, \Theta_{\sigma.\vartheta} \left[\frac{\cos\frac{\vartheta}{2}}{\sin^2\frac{\vartheta}{2}} + 2\frac{dS_T}{d\vartheta}\right] d\varkappa$$

$$r \geq 1000\ \text{km}.$$

R_0: Radius der mittleren Erdkugel in Meeresniveau.

Der Betrag

$$\frac{\bar{g}-\bar{\gamma}}{G} h_0$$

war beim Brockengipfel

$$+\frac{6}{G_{\text{mgal}}}\, 1142\ \text{m} = +1\ \text{cm}.$$

Für die Zugspitze (2955 m ü. NN) ergab sich

$$-\frac{180}{G_{\text{mgal}}}\, 2955\ \text{m} = -54\ \text{cm}.$$

Für den Mont-Blanc (4807 m ü. NN) fanden wir

$$-\frac{360}{G_{\text{mgal}}}\, 4807\ \text{m} = -1{,}8\ \text{m}.$$

* * *

Die die strenge Theorie der gravimetrischen Geoidundulationen und Lotabweichungen begleitende Präzisierung der Theorie der gravimetrischen Verbesserung astronomischer Nivellements ergibt sich, (Veröff. d. Geod. Inst. Potsdam Nr. **13**, S. 45) wenn wir die „normale" Lotkrümmung vernachlässigen und das Profil vom Punkt A zum Punkt B durchlaufen, folgendermaßen:

$$K\,G(N)_B - K\,G(N)_A + \frac{1}{2} S\left(K\,G(\Theta_s)_A + K\,G(\Theta_s)_B\right) = K\,G\left[N_B - N_A + \frac{1}{2} S\left((\Theta_s)_A + (\Theta_s)_B\right)\right]$$

mit

$$K\,G(N) = \frac{R_0}{4\pi\gamma_\sigma} \int_{\alpha=0}^{2\pi} \int_{\vartheta=0}^{\pi} K\,G(\Delta g_F)\, S_T(\vartheta) \sin\vartheta\, d\vartheta\, d\alpha + \frac{\bar{g}-\bar{\gamma}}{G} h_0 + \Phi_*^\circ + \Phi_*^{\circ\circ}.$$

Die $K\,G(\Theta_s)_{A,B}$ sind die Korrektionen für die Lotabweichungen Θ_s in den Endpunkten A, B des Profils des astronomischen Nivellements. Der Ausdruck $\frac{\bar{g}-\bar{\gamma}}{G} h_0$ ist ähnlich dem für die Korrektion astronomischer Nivellements wegen der tatsächlichen Lotkrümmung (vgl. Jordan/Eggert/Kneissl: Handbuch der Vermessungskunde. Bd. V, § 29).

FSC
www.fsc.org
MIX
Papier | Fördert gute Waldnutzung
FSC® C083411

Kolibri 360 GmbH
Ferdinand-Jühlke-Straße 7
99095 Erfurt, Deutschland
produktsicherheit@kolibri360.de